·过鱼设施丛书·

高坝枢纽集运鱼系统设计与实践

翁永红　王　翔　顾功开　唐锡良 等　著

科 学 出 版 社

北　京

内 容 简 介

高坝枢纽一般建设在高山峡谷地区，河道狭窄，水流湍急，两岸边坡陡峭，过鱼设施的设计、建设难度大，高坝过鱼成为亟待攻克的技术难题。本书以我国第四大水电站——金沙江乌东德水电站为例，介绍典型高坝集运鱼系统的设计过程。内容包括乌东德水电站及金沙江下游河段的鱼类资源状况、鱼类生态习性及河流生境特征，在此基础上对工程过鱼目标进行了研究；通过对坝下流场、坝下鱼类分布的调查研究及与其他工程的类比，对乌东德坝下鱼类分布及上溯路径进行分析；通过对国内外集运鱼系统案例的分析调研，结合乌东德水电站工程特性，对不同集运鱼系统方案开展技术经济比选，并对推荐方案开展设计，同时提出集运鱼系统的运行管理及监测方案。

本书可供水利水电工程设计施工和运行从业人员，高等院校本科生、研究生，科研院所专业研究人员参考。

图书在版编目（CIP）数据

高坝枢纽集运鱼系统设计与实践 / 翁永红等著. -- 北京 : 科学出版社, 2024. 11. -- (过鱼设施丛书). -- ISBN 978-7-03-080359-7

I. TV649；S956

中国国家版本馆 CIP 数据核字第 2024F5V270 号

责任编辑：闫 陶/责任校对：高 嵘
责任印制：彭 超/封面设计：无极书装

科学出版社 出版
北京东黄城根北街 16 号
邮政编码：100717
http://www.sciencep.com
武汉市首壹印务有限公司印刷
科学出版社发行 各地新华书店经销
*
开本：787×1092 1/16
2024 年 11 月第 一 版 印张：12 1/2
2024 年 11 月第一次印刷 字数：296 000
定价：128.00 元
（如有印装质量问题，我社负责调换）

“过鱼设施丛书”编委会

“过鱼设施丛书”序

拦河大坝的修建是人类文明高速发展的动力之一。但是，拦河大坝对鱼类等水生生物洄游通道的阻断，以及由此带来的生物多样性丧失和其他次生水生态问题，又长期困扰着人类社会。300 多年前，国际上就将过鱼设施作为减缓拦河大坝阻断鱼类洄游通道影响的措施之一。经过 200 多年的实践，到 20 世纪 90 年代中期，过鱼效果取得了质的突破，过鱼对象也从主要关注的鲑鳟鱼类，扩大到非鲑鳟鱼类。其后，美国所有河流、欧洲莱茵河和澳大利亚墨累-达令河流域，都从单一工程的过鱼设施建设扩展到全流域水生生物洄游通道恢复计划的制订。其中：美国在构建全美河流鱼类洄游通道恢复决策支持系统的基础上，正在实施国家鱼道项目；莱茵河流域在完成“鲑鱼 2000”计划、实现鲑鱼在莱茵河上游原产卵地重现后，正在筹划下一步工作；澳大利亚基于所有鱼类都需要洄游这一理念，实施“土著鱼类战略”，完成对从南冰洋的默里河河口沿干流到上游休姆大坝之间所有拦河坝的过鱼设施有效覆盖。

我国的过鱼设施建设可以追溯到 1958 年，在富春江七里垄水电站开发规划时首次提及鱼道。1960 年在兴凯湖建成我国首座现代意义的过鱼设施——新开流鱼道。至 20 世纪 70 年代末，逐步建成了 40 余座低水头工程过鱼设施，均采用鱼道形式。不过，在 1980 年建成湘江一级支流洣水的洋塘鱼道后，因为在葛洲坝水利枢纽是否要为中华鲟等修建鱼道的问题上，最终因技术有效性不能确认而放弃，我国相关研究进入长达 20 多年的静默期。进入 21 世纪，我国的过鱼设施建设重新启动并快速发展，目前已建和在建的过鱼设施超过 200 座，产生了许多国际“第一”，如雅鲁藏布江中游的藏木鱼道就拥有海拔最高和水头差最大的双“第一”。与此同时，鱼类游泳能力及生态水力学、鱼道内水流构建、高坝集诱鱼系统与辅助鱼类过坝技术、不同类型过鱼设施的过鱼效果监测技术等相关研究均受到研究人员的广泛关注，取得丰富的成果。

2021 年 10 月，中国大坝工程学会过鱼设施专业委员会正式成立，标志我国在拦河工程的过鱼设施的研究和建设进入了一个新纪元。本人有幸被推选为专委会的首任主任委员。在科学出版社的支持下，本丛书应运而生，并得到了钮新强院士为首的各位专家的积极响应。“过鱼设施丛书”内容全面涵盖“过鱼设施的发展与作用”、“鱼类游泳能力与相关水力学实验”、“鱼类生态习性与过鱼设施内流场营造”、“过鱼设施设计优化与建设”、“过鱼设施选型与过鱼效果评估”和“过鱼设施运行与维护”六大板块，各分册均由我国活跃在过鱼设施研究和建设领域第一线的专家们撰写。在此，请允许本人对各位专家的辛勤劳动和无私奉献表示最诚挚的谢意。

本丛书全面涵盖与过鱼设施相关的基础理论、目标对象、工程设计、监测评估和运行管理等方面内容，是国内外有关过鱼设施研究和建设等方面进展的系统展示。可以预见，其出版将对进一步促进我国过鱼设施的研究和建设，发挥其在水生生物多样性保护、河流生态可持续性维持等方面的作用，具有重要意义！

常剑波

2023 年 6 月于珞珈山

前　言

水利水电工程在防洪、发电、航运、水资源配置等方面发挥巨大效益的同时，也不可避免会对河流纵向连通性产生影响，阻隔鱼类洄游通道。过鱼设施是帮助鱼类翻越河道阻隔障碍物的工程措施，是水利水电工程中重要的鱼类保护措施之一。

过鱼设施最早起源于16世纪的法国。19世纪末和20世纪初，随着西方水利水电工程的快速发展，鱼道的研究和建设也随之得到发展，建设大批过鱼设施，主要形式为鱼道，且建设在小型河流中的低水头堰坝中。我国过鱼设施建设起步相对较晚，1958年规划开发富春江七里垅水电站时，首次提出建设鱼道，至20世纪80年代，我国共建成各类鱼道近40座，大部分是东南沿海地区的低水头水闸鱼道。进入21世纪后，随着我国对生态保护的日益重视，对过鱼设施的建设也提出更高要求，2000年～2023年，我国新规划建设的过鱼设施近200座，其中多为鱼道，主要应用在中低水头大坝上。高坝枢纽由于普遍建设在高山峡谷地区，大多面临河道狭窄、水流湍急、两岸边坡陡峭等特殊建设条件，不利于过鱼设施的规划建设，建成的案例也相对较少，部分过鱼效果也尚未达到理想状态，尚未形成较为成熟的技术体系，难以为我国高坝枢纽鱼类洄游通道修复提供技术支撑。

金沙江乌东德水电站位于金沙江干流下游四川和云南的界河上，右岸隶属云南禄劝，左岸隶属四川会东，坝址上距攀枝花213.9 km，下距白鹤滩水电站182.5 km，是金沙江下游河段四座水电站中最上游的梯级电站。乌东德水电站大坝为混凝土双曲拱坝，最大坝高270 m，电站装机容量10 200 MW，多年平均发电量389.1亿kW·h，是我国第四、世界第七大水电站。乌东德水电站在环境影响评价及后续研究阶段对工程过鱼方式开展大量研究，认为金沙江下游建设集鱼船、集鱼平台等过鱼设施存在很大制约因素，技术风险较高。2018年，受中国长江三峡集团有限公司委托，长江勘测规划设计研究有限责任公司开展高坝集运鱼系统的创新研发工作，基于对金沙江鱼类生态行为习性及乌东德水电站工程特性，提出“尾水集鱼、仿生转运、库尾放流”的高坝过鱼新思路。本书对乌东德集运鱼系统的研发及设计过程进行总结，可为我国高坝枢纽过鱼设施设计建设及鱼类洄游通道修复提供参考。

本书第1章由翁永红、顾功开、王小明、于江撰写，第2章由王翔、杨志、侯轶群撰写，第3章由路万锋、王翔、谢颖涵、吴俊东撰写，第4章由唐锡良、王翔、娄起浩、李国岭撰写，第 5 章由王翔、陈小虎、张文传撰写，第 6 章由翁永红、王翔、汪亚超撰写，第 7 章由卢晶莹、董先勇撰写，全书由王翔统稿。

由于作者水平有限，书中不妥之处，敬请广大读者批评指正。

作　者

2024 年 6 月于武汉

目 录

第1章 绪 论

1.1 引 言

乌东德水电站位于云南省和四川省交界的金沙江上，是金沙江下游河段梯级开发的最上游梯级。乌东德水电站装机 10 200 MW，是中国第四、世界第七大水电站，也是中国“西电东送”战略的重要组成部分。乌东德水电站的建设不仅为中国的能源供应提供有力保障，还对促进当地经济社会发展、改善民生、保护生态环境等方面发挥积极作用，对优化中国能源结构、促进区域经济发展、改善生态环境等方面具有重要意义。

1.2 流域概况

1.2.1 金沙江流域概况

金沙江是长江上游河段的重要组成部分，发源于唐古拉山脉中段各拉丹冬雪山的南侧冰川，与切美苏曲交汇后至囊极巴拢段（当曲汇口）称沱沱河，当曲汇口至直门达（巴塘河口）称通天河，直门达（巴塘河口）以下始称金沙江，到宜宾为金沙江干流。金沙江流域位于我国青藏高原、云贵高原和四川盆地的西部边缘，跨越青海、西藏、四川、云南四省（区），流域总面积约 47.32 万 km^2，占长江流域总面积的 27.8%；河流全长 3 464 km，为长江全长的 55.5%；落差约 5 100 m，占长江干流落差的 95%。

金沙江流域地质构造复杂，切割剧烈，是典型的高山峡谷地貌，山地面积约占流域总面积的 93%，峡谷河段占金沙江全长的 65%。金沙江流域基本上属高原气候区。流域内资源丰富，特别是水能资源最为丰富，金沙江干支流水能蕴藏量 121 020 MW，占长江流域水能总蕴藏量的 43.6%；技术可开发的水力资源为 119 650 MW，年发电量 5 927 亿 kW·h，分别占长江流域的 46.6%和 49.9%；经济可开发的水力资源 102 980 MW，年发电量 5 131 亿 kW·h，分别占长江流域的 45.1%和 48.9%，是我国重要的水电基地。

金沙江干流玉树至宜宾全长约 2 316 km，天然落差 3 268.6 m，河道平均比降 1.41‰，水能蕴藏量为 55 364 MW。干流以石鼓和攀枝花（雅砻江河口）为界，分上、中、下三段：直门达至石鼓为上游，区间流域面积 7.65 万 km^2，河段长 984 km，天然落差约 1 720 m，河道平均比降 1.75‰，水力资源理论蕴藏量平均功率约 13 060 MW；石鼓至攀枝花（雅砻江河口）为中游，区间流域面积 4.5 万 km^2，河段长约 564 km，天然落差约 836 m，河道平均比降为 1.48‰，水力资源理论蕴藏量平均功率约 13 220 MW；攀枝花（雅砻江河口）至宜宾为下游，区间流域面积 21.4 万 km^2，河段长 768 km，天然落差 712.6 m，河道平均比降 0.93‰，水力资源理论蕴藏量平均功率约 29 080 MW。

1.2.2　梯级开发状况

在国务院批复的《长江流域综合利用规划简要报告（1990 年修订）》中推荐金沙江下游河段按乌东德—白鹤滩—溪洛渡—向家坝四级开发。2012 年 12 月，国务院以“国函〔2012〕220 号”文对《长江流域综合规划（2012～2030 年）》进行了批复，推荐乌东德水电站为金沙江干流下游河段的第一个梯级。

1.3　工程区自然环境

1.3.1　气象

乌东德库区属低纬度高原季风气候，主要特征是高温、干旱和少雨，降水量少，蒸发量大，水热矛盾突出；气温年差较小，日差较大，垂直差异大的立体气候显著；干湿季明显，雨热基本同季，光热资源丰富。因垂直高差达 3 000 m，高山积雪和峡谷炎热并见，气温回升和下降波动亦大，俗称“一山有四季，十里不同天”。金沙江河谷地区，炎热干燥，长夏无冬。金沙江谷地、武定勐果河下游谷地、元谋的龙川江盆地等 1 350 m 高程以下的地区属南亚热带气候，1 350～1 700 m 高程的地区属中亚热带地区，1 700～2 000 m 高程的地区属北亚热带，2 000 m 以上的地区属温和带～中温带地区。

乌东德库区多年平均气温及水温，如图 1.1 所示。相对湿度 59%，多年平均日照 2 158 h，雾日 26.2 d，霜日 3.6 d，雷暴日 54.4 d。多年最大平均风速为 18.0 m/s（巧家水文站），历年最大风速为 26.0 m/s（巧家水文站）。

1.3.2　水文

1. 径流

乌东德坝址多年平均流量 3 850 m^3/s，多年平均径流量 1 210 亿 m^3，坝址径流年内分配主要集中在汛期 6～11 月。考虑金沙江金安桥、观音岩水电站和雅砻江两河口、锦屏一级、二滩水电站等 5 个调蓄能力较强的梯级组合方案，经 5 库联合调蓄后，乌东德坝址径流年内分配详见表 1.1。

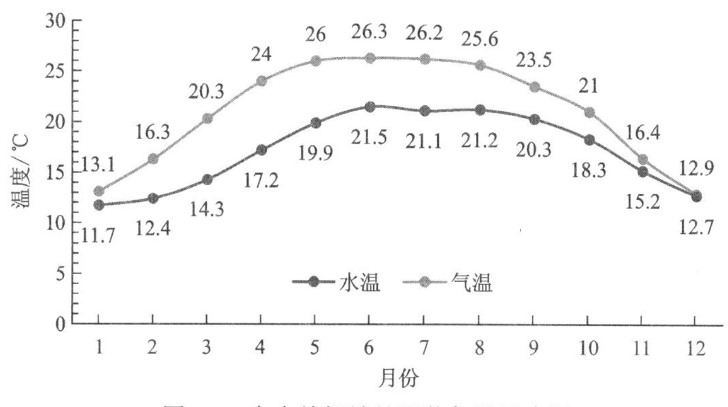

图 1.1 乌东德坝址处现状气温及水温

表 1.1 乌东德坝址月平均径流分配表（5 个梯级调蓄后）

项目	1月	2月	3月	4月	5月	6月	7月	8月	9月	10月	11月	12月	多年平均
流量/（m^3/s）	1 293	1 117	1 074	1 285	1 995	4 377	7 956	8 590	8 522	5 375	2 730	1 719	3 850
径流量/亿 m^3	35	27	29	33	53	113	213	230	221	144	71	46	1 210

2. 泥沙

攀枝花至屏山水文站区间是金沙江产沙的主要河段。巧家水文站年输沙量 1.81 亿 t，屏山水文站多年平均悬移质输沙量为 2.47 亿 t，攀枝花至屏山水文站区间输沙量占金沙江总含沙量的 70%，多年平均输沙模数约 2 200 t/km^2。

乌东德坝址多年平均含沙量 1.02 kg/m^3，年平均悬移质输沙量 12 250 万 t，中值粒径 0.015 mm，平均粒径 0.062 mm，最大粒径 0.997 mm。年平均推移质输沙量 234 万 t（二滩水电站拦截后）。

3. 水位流量关系

乌东德坝址、金坪子水尺的天然水位流量关系见表 1.2。

表 1.2 乌东德坝址、金坪子水尺天然水位流量关系

乌东德坝址		金坪子水尺	
水位/m	流量/（m^3/s）	水位/m	流量/（m^3/s）
814.96	883	814.29	883
815.00	897	815.00	1 100
816.00	1 200	816.00	1 400
817.00	1 510	817.00	1 720
818.00	1 910	818.00	2 130
819.00	2 350	819.00	2 580

续表

乌东德坝址		金坪子水尺	
水位/m	流量/（m^3/s）	水位/m	流量/（m^3/s）
820.00	2 790	820.00	3 030
821.00	3 260	821.00	3 550
822.00	3 740	822.00	4 110
823.00	4 230	823.00	4 670
824.00	4 740	824.00	5 230
825.00	5 300	825.00	5 830
826.00	5 870	826.00	6 430
827.00	6 520	827.00	7 130
828.00	7 170	828.00	7 870
829.00	7 820	829.00	8 620
830.00	8 660	830.00	9 400
831.00	9 520	831.00	10 300
832.00	10 400	832.00	11 200
833.00	11 300	833.00	12 200
834.00	12 300	834.00	13 300
835.00	13 300	835.00	14 400
836.00	14 300	836.00	15 500
838.00	16 500	837.00	16 700
840.00	18 900	838.00	17 900
842.00	21 400	840.00	20 400
844.00	24 100	842.00	23 000
846.00	26 900	844.00	25 600
848.00	29 800	846.00	28 300
850.00	32 800	848.00	31 100
852.00	35 900	850.00	34 100
854.00	39 100	852.00	37 300
856.00	42 500	854.00	40 500
858.00	46 000	856.00	43 900

注：表中水位为黄海高程

1.3.3 地形地貌

金沙江属深切河谷，两岸河流阶地少有保留，从库尾到坝址区，不连续地分布 3~5 级基座阶地或侵蚀阶地，其中 II 级和 III 级保留相对完整。乌东德坝址所处区域属中山峡谷地貌，坝址区两岸地形基本对称，陡峻，山岭高程大多为 2 000~3 000 m，两岸高程 1 050 m 以下为嶂谷，岸坡陡立，坡角一般 60°~75°，局部近直立，嶂谷谷肩宽 290~360 m，以河床基岩面起算的河谷宽高比为 0.9~1.1；高程 1 050~1 200 m，局部呈缓台或缓坡状，属不连续的第 2 级侵蚀残留台面；高程 1 050 m 以上为岸坡相对较缓，坡角约 30°~45°，局部为陡坡。河谷狭窄，枯水期水位约 815 m，江面宽 100~200 m，河床底面高程 800~805 m，水深 10~15 m。部分河段呈峡谷套嶂谷的形态特征，如图 1.2 所示。

图 1.2 乌东德坝址处两岸地形地貌

1.3.4 地质

1. 地质构造

乌东德坝址区地层由前震旦系会理群褶皱基底浅变质岩和震旦系及其后沉积岩、部分岩浆岩盖层组成，就其变形特征在流变学剖面中属于脆性层至脆-韧性层，构造变形模式可概略分为褶皱基底和盖层两大部分。

褶皱基底由中元古界组成，早期处在地表以下 5～11 km，属脆-韧性层，以韧性变形为主，晋宁运动及后来的构造运动的叠加，元古宇强烈褶皱，表现出同斜倒转型、倾竖型、钩状残余型等，局部发育韧性剪切变形带，晚期发育脆性断裂及节理；盖层由震旦系及其以上地层组成，处在地壳浅层的脆性层，少量宽缓褶皱，构造变形以脆性断裂及节理为主。构造形迹主要有褶皱、断层、裂隙、层间剪切带、层内劈理。

坝址区物理地质现象主要包括滑坡、堆积体、变形体和泥石流。其中：滑坡仅有紧邻坝址区下游右岸的金坪子滑坡；堆积体主要有左岸的大茶铺崩塌堆积体、钱窝子堆积体、猫鼻梁子堆积体、花山沟堆积体和右岸的红沟崩塌堆积体、梅子坪堆积体、硝沟堆积体；变形体主要有红崖湾沟倾倒变形体和鸡冠山倾倒变形体；泥石流仅有紧邻坝址区下游左岸的花山沟泥石流。

根据 2001 年《中国地震动峰值加速度区划图》(GB 18306—2001)，乌东德坝址区地震动峰值加速度为 0.15g，地震基本烈度为 VII 度。

2. 水文地质

乌东德坝址区水文地质结构总体特征为：褶皱基底与盖层分别为两个相对独立的含水体系，盖层具层状水文地质结构特征，基底则在水平向上呈带状水文地质结构特征。近坝段（卧嘎至花山沟）为褶皱基底与盖层两个独立水文地质单元，地下工程主要位于该区段。坝址岩体透水性较弱，其中右岸岩体透水性相对稍强。

1.4 工程概况

1.4.1 地理位置

乌东德水电站位于金沙江干流下游四川和云南的界河上，右岸隶属云南禄劝，左岸隶属四川会东，是金沙江下游河段四座水电站（乌东德、白鹤滩、溪洛渡、向家坝）中最上游的梯级电站，乌东德水电站上距攀枝花 213.9 km，下距白鹤滩水电站 182.5 km。乌东德水电站是实施“西电东送”的国家重大工程，是长江防洪体系的重要组成部分，是全面推动长江经济带发展、服务粤港澳大湾区建设的重要战略性工程。

1.4.2 任务与规模

乌东德水电站开发任务以发电为主，兼顾防洪，并促进地方经济社会发展，电站建成后可发展库区航运。

乌东德水电站控制流域面积 40.61 万 km^2，约占金沙江流域面积的 86%；多年平均流量 3 850 m^3/s，径流量 1 210 亿 m^3。乌东德水电站正常蓄水位 975 m，防洪限制水位 952 m，死水位 945 m，防洪高水位 975 m，设计洪水位 979.38 m，校核洪水位 986.17 m，总库容 74.08 亿 m^3，预留防洪库容 24.4 亿 m^3，调节库容 30.20 亿 m^3，库容系数 2.50%，具有季调节能力。电站装机容量 10 200 MW，多年平均发电量 389.1 亿 kW·h。

乌东德水电站为一等大（1）型工程，大坝、泄水建筑物、引水发电建筑物等主要永久性水工建筑物为 1 级建筑物，设计标准为 1 000 年一遇洪水设计，校核标准为 5 000 年一遇洪水设计。次要建筑物为 3 级建筑物。

1.4.3 枢纽布置

乌东德水电站枢纽主体建筑物由挡水建筑物、泄水建筑物、引水发电建筑物等组成，如图 1.3 所示。

图 1.3 乌东德水电站全貌

1）挡水建筑物

乌东德水电站大坝为混凝土双曲拱坝，采用抛物线拱形。坝顶高程 988 m，最大坝高 270 m，厚高比值为 0.19。大坝体体积 252 万 m^3。

2）泄水建筑物

泄水建筑物包括坝身表孔、坝身中孔和岸边泄洪洞。坝身布置 5 个表孔、6 个中孔，采用挑跌流加天然水垫塘消能，坝下水垫深度超过 100 m，采用护岸不护底水垫塘消能，水垫塘尾部设置碾压混凝土重力式二道坝；岸边设置 3 条泄洪洞，均布置于左岸靠山侧，泄洪洞采用挑流加人工水垫塘消能，泄洪洞水垫塘采用封闭抽排结构形式。乌东德表孔、中孔及泄洪洞单独运行均可宣泄常遇洪水，泄洪调度灵活。

3）引水发电建筑物

引水发电建筑物主要由进水口、引水隧洞、主厂房及安装场、主变洞、交通竖井、尾水调压室、尾水隧洞、尾水出口、地面出线场、交通洞、通风排烟系统、集水井管道洞及厂外排水系统等组成。左右单条输水线路最长分别约为 1 428.4 m、1 103.7 m。

乌东德水电站采用地下厂房布置形式，左右岸引水发电建筑物均靠河床侧布置，各安装 6 台单机容量 850 MW 水轮发电机组，总装机容量 10200 MW。引水系统采用单机单洞，尾水系统采用两机一洞，设尾水调压室，两岸尾水出口均位于基坑下游，均有两条尾水洞与导流洞结合。

4）导流建筑物

施工导流方案采用河床一次截流、围堰全年挡水、隧洞导流，左岸靠山侧布置 2 条低导流洞，右岸靠山侧布置 2 条低导流洞、1 条高导流洞。

1.4.4 工程运行方式

1. 年运行方式

乌东德水电站发电运行调度方式为：7 月按防洪限制水位 952 m 运行；8 月初水库开始蓄水，采用逐步蓄水方式，8 月底水库蓄水至正常蓄水位；9 月以后尽量维持高水位方式运行，库水位逐步消落，次年 6 月底消落至防洪限制水位或死水位。

2. 日运行方式

乌东德水电站在系统中主要承担基荷和腰荷任务。电站日内运行方式主要根据电力系统需求进行适度调峰，当日平均出力小于装机容量时，水库进行日调节；当日平均出力达到装机容量时，电站在基荷运行。乌东德水电站日调节时要保障下游生态用水需要，按照《环境影响报告书的批复意见》（环审〔2015〕78 号），运行期通过机组发电和泄洪设施下泄不低于 900 m^3/s 的生态流量。

3. 水库洪水调度方式

乌东德水电站汛期预留 24.4 亿 m^3 防洪库容，防洪调度方式如下。

（1）水库预留防洪库容按照下游防洪调度总体安排进行使用，若下游不需要乌东德水库拦蓄洪水时，控制库水位不超过防洪限制水位；若下游需要乌东德水库拦蓄洪水时，按照下游防洪调度总体安排控制下泄流量，库水位上升，直至 975 m。

（2）若坝前水位达到 975 m 时，水库按“敞泄方式”调度，即：当入库流量小于或等于库水位相应的泄流能力，按入库流量下泄；当入库流量大于库水位相应的泄流能力，按泄流能力下泄。

1.5 本书的主要内容

1.5.1 研究重点

1. 保护目标的复核

结合近年来最新的调查成果，根据鱼类生态习性及工程不同运行阶段生境变化情况对过鱼目的、过鱼对象、过鱼季节等进行进一步复核。

2. 集鱼方式的比选

从功能效果、安全要求、建设成本、运行维护等方面进行全面技术经济比选，综合确定最适合的集鱼方式。

3. 集鱼地点的论证

根据坝下流速、流态等水力学指标及鱼类分布及洄游路线，重点论证集鱼设施的集鱼地点。

4. 集鱼措施的设计

设计中如何使集鱼设施工作得高效、简便、稳定、安全也是方案设计的重点。

1.5.2 技术路线

针对研究内容，本书采取的技术路线如图 1.4 所示。

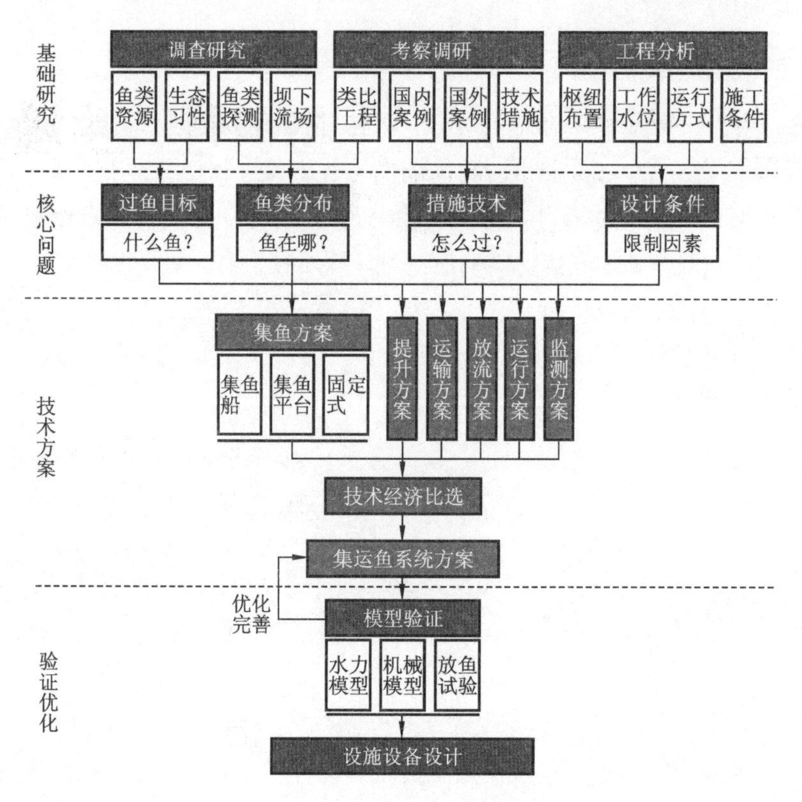

图 1.4　项目技术路线图

扫一扫见本章彩图

第 2 章 鱼类资源、生态习性、生境研究及过鱼目标分析

2.1 引　言

确定过鱼目标是设计过鱼设施的前提，为过鱼设施的选址及详细参数设置提供了基础依据。对鱼类生物学特性、繁殖行为、游泳行为等基础生物学、行为学研究可以为过鱼设施的设计提供基本参数。此外，过鱼对象的选择还应考虑工程蓄水运行后的河流生境变化，分析不同鱼类对河流生境变化的适应性，以及鱼类种群动态、群落演替等生态学响应规律，才能更加科学地确定工程的过鱼目标，为河段生物多样性保护提供决策支持。

2.2 鱼类资源

2.2.1 鱼类区系组成

乌东德河段的鱼类区系，与长江中下游鱼类区系和金沙江石鼓以上，以及雅砻江、岷江、大渡河、嘉陵江上游的青藏高原鱼类区系有明显区别，其主要特点如下。

（1）根据丁瑞华（1994）、吴江和吴明森（1990）的研究结果，乌东德河段的鱼类区系组成为金沙江中下游 4 个鱼类地理区块（分别以虎跳峡、金江街、新市作为地理分布界线）中的 1 块，金沙江干流各江段之间不存在明显的鱼类种类组成差异。

（2）中国江河平原鱼类区系复合体鱼类为该区域主要的种类，这些个体除圆口铜鱼、宽鳍鱲、中华细鲫等少数种类以外，其他物种主要分布在海拔 1 200 m 以下的金沙江中下游。

（3）印度平原鱼类区系复合体、中印山区鱼类区系复合体、中亚高原山区鱼类区系复合体鱼类均有较多种类分布在该区域，特别是裂腹鱼亚科鱼类、平鳍鳅科鱼类、鮡科鱼类、钝头鮠科鱼类等多为该区域的优势种类。

（4）古代新近纪鱼类区系复合体和北方平原主类区系复合体鱼类种类数较少。这两个区系的鱼类以鲇、胭脂鱼、达氏鲟、白鲟和中华鲟为典型代表。乌东德河段除鲇数量较多、胭脂鱼较为少见以外，3 种鲟类难以分布到该区域。

（5）在鱼类的种类组成中，鲤科的鮈亚科及鲿科等东亚类群占有较大比例，这与长江中下游鱼类区系的种类组成情况相似。但是，上述类群中分化出了较多的适应于上游

环境条件的特有种，甚至特有属，如厚颌鲂、圆口铜鱼、长鳍吻鮈，以及近红鲌属及其三个特有种等，是东亚类群分布区内分化的特有种、属最多的一个区域。

总之，乌东德江段鱼类区系是以“东亚类群”“南方类群”等江河平原鱼类为主体，同时“青藏高原类群”的比例也较大，反映出东洋界与古北界鱼类物种在此衔接分布的特征。

2.2.2　鱼类种类分布

1. 历史分布

1）种类组成

根据《云南鱼类志》（褚新洛 等，1990，1989）、《四川鱼类志》（丁瑞华，1994）、《横断山区鱼类》（中国科学院青藏高原综合科学考察队，1998）等文献资料，金沙江中下游干支流历史记录有鱼类166种，其中金沙江中游149种，金沙江下游160种。金沙江中下游干支流分布的166种鱼类分别隶属于鲟形目、鳗鲡目、鲤形目、鲇形目、鳉形目、鲈形目和合鳃鱼目等7目16科。各科中，鲤科数量最多，共93种，占总种类数的56.02%，其次为鳅科和鲿科，分布有27种和12种，占16.27%和7.23%，如图2.1所示。

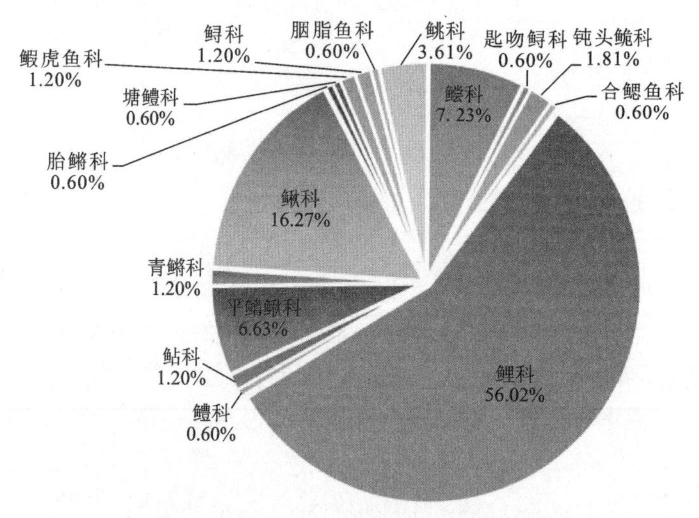

图2.1　金沙江中下游历史鱼类资源组成

百分比小计数字的和可能不等于合计数字，是因为有些数据进行过舍入修约

2）珍稀、特有、濒危、保护鱼类

历史上，金沙江中下游干支流分布有4种国家级保护鱼类[①]，其中达氏鲟、中华鲟和白鲟为国家一级保护动物，而胭脂鱼为国家二级保护动物。同时，3种鲟鱼又是《濒危野

① 2018年设计阶段，保护鱼类按照当时的《国家重点保护野生动物名录》确定，2021年名录进行了更新。

生动植物种国际贸易公约》（Convention on International Trade in Endangered Species of Wild Fauna and Flora，CITES）附录II的保护动物。此外，鲈鲤、细鳞裂腹鱼、西昌白鱼、短臀白鱼、岩原鲤、窑滩间吸鳅、四川吻鰕虎鱼、鯮、鳡、裸体异鳔鳅鮀、长丝裂腹鱼、重口裂腹鱼、青石爬鮡和中华鮡等14种鱼类为四川省级保护鱼类。

金沙江中下游干支流分布的166种鱼类中，被列为红皮书濒危等级极危（critically endangered，CR）鱼类10种，濒危（endangered，EN）鱼类16种，近危（near threatened，NT）鱼类8种，易危（vulnerable，VU）鱼类17种，易危以上等级占该区域分布鱼类总种类数的30.72%。

金沙江中下游干支流共分布有长江上游特有鱼类59种，包括该区域重要的经济鱼类圆口铜鱼、长鳍吻鮈、长薄鳅、齐口裂腹鱼、岩原鲤等。59种长江上游特有鱼类中，濒危等级EN以上及包括无数据（data deficient，DD）的鱼类45种，占长江上游特有鱼类种类数的76.27%，濒危等级为无危（least concern，LC）的鱼类仅14种，占长江上游特有鱼类种类数的23.73%，见表2.1。

表2.1 金沙江中下游珍稀、濒危、特有及保护鱼类历史分布

种类	拉丁名	国家保护等级	省级保护鱼类	CITES	长江上游特有鱼类	濒危等级
达氏鲟	*Acipenser dabryanus*	一级		附录II	是	极危
中华鲟	*Acipenser sinensis*	一级		附录II		极危
白鲟	*Psephurus gladius*	一级		附录II		极危
日本鳗鲡	*Anguilla japonica*					濒危
胭脂鱼	*Myxocyprinus asiaticus*	二级				极危
鯮	*Luciobrama macrocephalus*		是			易危
西昌白鱼	*Anabarilius liui*		是		是	濒危
嵩明白鱼	*Anabarilius songmingensis*				是	近危
寻甸白鱼	*Anabarilius xundianensis*				是	近危
短臀白鱼	*Anabarilius brevianalis*		是		是	易危
高体近红鲌	*Ancherythroculter kurematsui*				是	无危
黑尾近红鲌	*Ancherythroculter nigrocauda*				是	无危
汪氏近红鲌	*Ancherythroculter*				是	近危
半餐	*Hemiculterella sauvagei*				是	无危
张氏餐	*Hemiculter tchangi*				是	无危
四川华鳊	*Sinibrama taeniatus*				是	无危
厚颌鲂	*Megalobrama pellegrini*				是	易危
云南鲴	*Xenocypris yunnanensis*				是	极危

续表

种类	拉丁名	国家保护等级	省级保护鱼类	CITES	长江上游特有鱼类	濒危等级
方氏鲴	*Xenocypris fangi*				是	易危
宽口光唇鱼	*Acrossocheilus monticola*				是	无危
四川白甲鱼	*Onychostonua anguslistomata*				是	濒危
金沙鲈鲤	*Percocypris pingi pingi*		是		是	濒危
华鲮	*Sinilabeo rendahli*				是	无数据
短须裂腹鱼	*Schizothorax wangchiachii*				是	无危
长丝裂腹鱼	*Schizothorax dolichonema*		是		是	极危
齐口裂腹鱼	*Schizothorax prenanti*				是	易危
细鳞裂腹鱼	*Schizothorax chongi*		是		是	濒危
昆明裂腹鱼	*Schizothorax grahami*				是	濒危
重口裂腹鱼	*Schizothorax davidi*		是			濒危
四川裂腹鱼	*Schizothorax kozlovi*				是	易危
小裂腹鱼	*Schizothorax parvus*				是	濒危
硬刺松潘裸鲤	*Gymnocypris potanini firmispinatus*				是	无数据
中甸叶须鱼	*Ptychobarbus chunglienensis*				是	濒危
裸腹叶须鱼	*Ptychobarbus kaznakovi*				是	易危
厚唇裸重唇鱼	*Gymnodaptychus pachycheilus*					易危
软刺裸裂尻鱼	*Schizopygopsis malacanthus*				是	易危
异鳔鳅鮀	*Xenophysogobio boulengeri*				是	无危
裸体异鳔鳅鮀	*Xenophysogobio nudicorpa*		是		是	无危
鳤	*Ochetobius elongatus*					极危
鯮	*Elopichthys bambusa*			是		无危
乐山小鳔鮈	*Microphysogobio kiatingensis*					无数据
圆口铜鱼	*Coreius guichenoti*				是	极危
长鳍吻鮈	*Rhinogobio ventralis*				是	濒危
钝吻棒花鱼	*Abbottina obtusirostris*				是	无危
岩原鲤	*Procypris rabaudi*		是		是	易危

续表

种类	拉丁名	国家保护等级	省级保护鱼类	CITES	长江上游特有鱼类	濒危等级
昆明高原鳅	*Triplophysa grahami*				是	无数据
秀丽高原鳅	*Triplophysa venusta*				是	近危
前鳍高原鳅	*Triplophysa anterodorsalis*				是	无危
侧纹云南鳅	*Yunnanilus pleurotaenia*					易危
四川云南鳅	*Yunnanilus sichuanensis*				是	无数据
横纹南鳅	*Schistura fasciolata*					无数据
戴氏山鳅	*Claea dabryi*				是	近危
四川爬岩鳅	*Beaufortia szechuanensis*				是	近危
横斑原缨口鳅	*Vanniaenentia tetraloba*					无数据
窑滩间吸鳅	*Hemimyzon yaotanensis*		是		是	濒危
峨嵋后平鳅	*Metahornaloptera omeiensis*				是	无数据
中华金沙鳅	*Jinshaia sinensis*				是	无危
短身金沙鳅	*Jinshaia abbreviata*				是	近危
西昌华吸鳅	*Sinogastromyzon sichangensis*				是	无危
四川华吸鳅	*Sinogastromyzon szechuanensis*				是	无危
长薄鳅	*Leptobotia elongata*				是	易危
红唇薄鳅	*Leptobotia rubrilabris*				是	易危
紫薄鳅	*Leptobotia taeniops*					易危
中华沙鳅	*Botia superciliaris*					易危
宽体沙鳅	*Botia reevesae*				是	无数据
长须拟鲿	*Pseudobagrus eupogon*				是	极危
中臀拟鲿	*Pseudobagrus medianalis*				是	极危
短尾拟鲿	*Pseudobagrus brevicaudatus*					无数据
细体拟鲿	*Pseudobagrus pratti*					易危
圆尾拟鲿	*Pseudobagrus tenuis*					无数据
切尾拟鲿	*Pseudobagrus truncatus*					无数据
凹尾拟鲿	*Pseudobagrus emarginatus*					无数据

续表

种类	拉丁名	国家保护等级	省级保护鱼类	CITES	长江上游特有鱼类	濒危等级
白缘鉠	*Liobagrus marginatus*					易危
金氏鉠	*Liobagrus kingi*				是	濒危
拟缘鉠	*Liobagrus marginatoides*				是	无数据
黑尾鉠	*Liobagrus nigricauda*					无数据
黄石爬鮡	*Euchiloglanis kishinouyei*				是	濒危
青石爬鮡	*Euchiloglanis davidi*		是		是	濒危
中华鮡	*Pareuchiloglanis sinensis*		是		是	濒危
前臀鮡	*Pareuchiloglanis anteanalis*				是	近危
褐吻鰕虎鱼	*Rhinogobius brunneus*					无数据
四川吻鰕虎鱼	*Rhinogobius szechuanensis*		是		是	濒危

注：评估结果源自蒋志刚等（2016）在《生物多样性》上发表的文章《中国脊柱动物红色名录》

2. 资源现状

环评阶段中国科学院动物研究所分别于 2008 年 6 月和 11 月、2009 年 4 月、2011 年 6 月、2012 年 4～5 月、2013 年 4～5 月开展了乌东德江段鱼类资源调查，乌东德江段野外现场调查共采集到鱼类 58 种。

1）研究范围的确定

为合理确定鱼类资源调查数据统计范围，对金沙江下游 6 个代表性江段（向家坝以下、向家坝库区、溪洛渡库区、白鹤滩库区、乌东德库区及雅砻江口）的鱼类组成进行了聚类分析和非度量多维测度（non-metric multidimensional scaling，NMDS）法。在其中选取与乌东德坝址江段鱼类组成近似的江段作为鱼类调查数据统计范围。

根据数据资料，分析结果显示：在 49.52%的 Jaccard 相似性水平上能够将金沙江下游 6 个区域的鱼类种类组成分为 2 大类，其中向家坝坝下宜宾段、向家坝库区和溪洛渡库区的鱼类种类组成聚为一大类，而白鹤滩库区、乌东德库区及雅砻江河口的鱼类种类组成聚为另外一大类，如图 2.2 所示。单因素方差分析检验显示两大类之间的种类组成在统计学上差异显著（R=0.926，P<0.05），表明白鹤滩库区及其上游的鱼类种类组成与白鹤滩库区下游的鱼类种类组成存在显著性的差异，如图 2.3 所示。

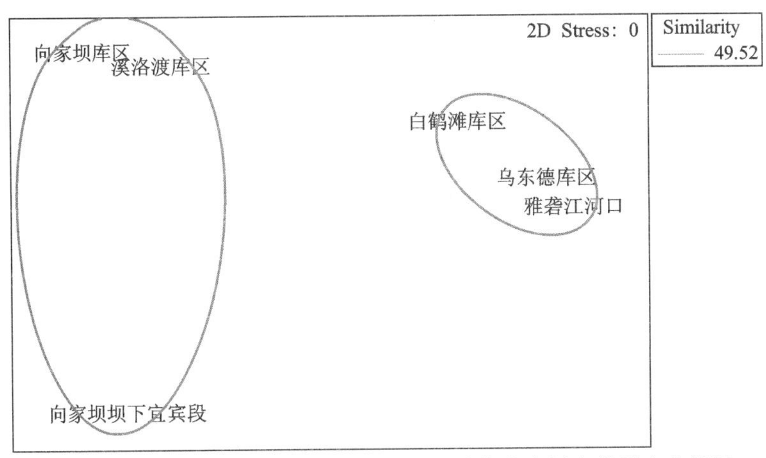

图 2.2　金沙江下游 6 个区域的鱼类群落结构非度量多维测度分析图

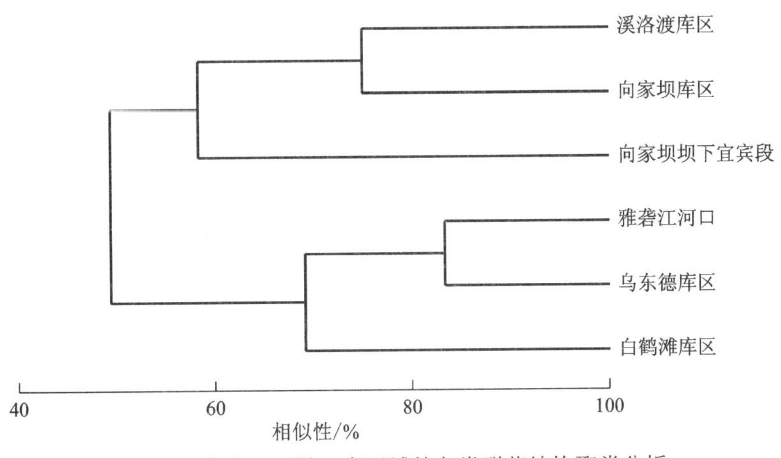

图 2.3　金沙江下游 6 个区域的鱼类群落结构聚类分析

根据上述分析结果，本书选择的评价范围为白鹤滩库区—雅砻江河口江段。

2）种类组成

根据统计，2014～2017 年中国水产科学研究院长江水产研究所（简称长江水产研究所）和水利部中国科学院水工程生态研究所（简称水工程生态所）在宜宾至雅砻江河口之间的金沙江下游干流共调查到鱼类 114 种，其中乌东德库区共调查到鱼类 61 种，乌东德库区上游的雅砻江河口调查到鱼类 60 种，乌东德下游的白鹤滩库区调查到鱼类 68 种。

考虑到鱼类的迁徙性，将白鹤滩、乌东德及雅砻江河口的鱼类群落连接为一个整体。根据统计，乌东德坝址及其连接江段近年来共调查到鱼类 79 种，分属 10 科，其组成，如图 2.4 所示。79 种鱼类中有四川省保护鱼类 6 种，包括鲈鲤、细鳞裂腹鱼、岩原鲤、裸体异鳔鳅鮀、长丝裂腹鱼和重口裂腹鱼，长江上游特有鱼类 25 种，包括圆口铜鱼、长薄鳅、长鳍吻鮈、细鳞裂腹鱼、齐口裂腹鱼等。统计江段鱼类组成见表 2.2。

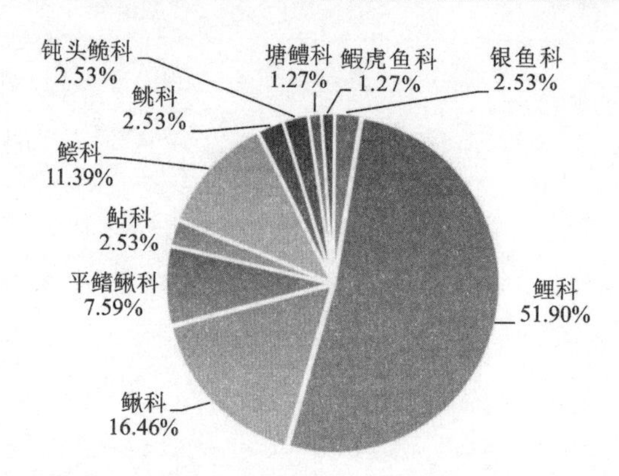

图 2.4 乌东德及其连接江段鱼类资源现状组成

表 2.2 乌东德坝址及其连接江段鱼类种类组成（2014～2017 年）

种类	拉丁名	省级保护	长江上游特有鱼类	雅砻江河口	乌东德库区	白鹤滩库区
大银鱼	*Protosalanx hyalocranius*			△	△	△
太湖新银鱼	*Neosalanx taihuensis*			△	△	△
宽鳍鱲	*Zacco platypus*			△	△	△
马口鱼	*Opsariichthys bidens*			△	△	△
草鱼	*Ctenopharyngodon idella*					△
黄尾鲴	*Xenocypris davidi*					△
鳙	*Aristichthys nobilis*					△
鲢	*Hypophthalmichthys molitrix*					△
高体鳑鲏	*Rhodeus ocellatus*			△	△	△
彩石鳑鲏	*Rhodeus lighti*			△	△	△
飘鱼	*Pseudolaubuca sinensis*					△
寡鳞飘鱼	*Pseudolaubuca engraulis*					△
䱗	*Hemiculter leucisculus*			△	△	△
张氏䱗	*Hemiculter tchangi*		○	△	△	△
贝氏䱗	*Hemiculter bleekeri*			△	△	△
翘嘴鲌	*Culter alburnus*					△
麦穗鱼	*Pseudorasbora parva*			△	△	△
银鮈	*Squalidus argentatus*			△	△	△
铜鱼	*Coreius heterodon*					△
圆口铜鱼	*Coreius guichenoti*		○	△	△	△
吻鮈	*Rhinogobio typus*					△
圆筒吻鮈	*Rhinogobio cylindricus*		○	△		

续表

种类	拉丁名	省级保护	长江上游特有鱼类	雅砻江河口	乌东德库区	白鹤滩库区
长鳍吻鮈	*Rhinogobio ventralis*		○	△	△	△
棒花鱼	*Abbottina rivularis*				△	△
钝吻棒花鱼	*Abbottina obtusirostris*		○	△		△
蛇鮈	*Saurogobio dabryi*			△	△	△
异鳔鳅鮀	*Xenophysogobio boulengeri*		○	△	△	
裸体异鳔鳅鮀	*Xenophysogobio nudicorpa*	□	○	△		
中华倒刺鲃	*Spinibarbus sinensis*			△	△	△
鲈鲤	*Percocypris ping*	□	○		△	△
华鲮	*Sinilabeo rendahli*		○		△	△
白甲鱼	*Onychostonua simum*			△	△	△
泉水鱼	*Pseudogyrinocheilus prochilus*			△	△	△
墨头鱼	*Garra pingi pingi*			△	△	△
短须裂腹鱼	*Schizothorax wangchiachii*		○	△	△	△
长丝裂腹鱼	*Schizothorax dolichonema*	□	○	△	△	
齐口裂腹鱼	*Schizothorax prenanti*		○	△	△	△
细鳞裂腹鱼	*Schizothorax chongi*	□	○	△	△	△
昆明裂腹鱼	*Schizothorax grahami*		○	△	△	△
重口裂腹鱼	*Schizothorax davidi*	□		△	△	
岩原鲤	*Procypris rabaudi*	□	○			△
鲤	*Cyprinus carpio*			△	△	△
鲫	*Carassius auratus*			△	△	△
红尾副鳅	*Paracobihs variegatus*			△	△	△
短体副鳅	*Paracobihs potanini*		○	△	△	△
横纹南鳅	*Schistura fasciolata*					△
前鳍高原鳅	*Triplophysa anterodorsalis*		○	△	△	△
勃氏高原鳅	*Triplophysa bleekeri*			△	△	△
修长高原鳅	*Triplophysa leptosoma*			△		
细尾高原鳅	*Triplophysa stenura*			△	△	△
中华沙鳅	*Botia superciliaris*			△	△	△
长薄鳅	*Leptobotia elongata*		○	△	△	△

续表

种类	拉丁名	省级保护	长江上游特有鱼类	雅砻江河口	乌东德库区	白鹤滩库区
紫薄鳅	*Leptobotia taeniops*			△		
中华花鳅	*Cobitis sinensis*			△	△	
泥鳅	*Misgurnus anguillicaudatus*			△	△	△
大鳞副泥鳅	*Paramisgurnus dabryanus*					△
犁头鳅	*Lepturichthys fimbriata*			△	△	△
短身金沙鳅	*Jinshaia abbreviata*		○	△	△	△
中华金沙鳅	*Jinshaia sinensis*		○	△	△	△
西昌华吸鳅	*Sinogastromyzon sichangensis*		○	△	△	△
峨眉后平鳅	*Metahomaloptera omeiensis*		○	△	△	△
四川华吸鳅	*Sinogastromyzon szechuanensis*		○		△	
鲇	*Silurus asotus*			△	△	△
大口鲇	*Silurus meridionalis*			△	△	△
黄颡鱼	*Pelteobagrus fulvidraco*			△	△	△
瓦氏黄颡鱼	*Pelteobagrus vachelli*			△	△	△
光泽黄颡鱼	*Pelteobagrus nitidus*			△	△	△
长吻鮠	*Leiocassis longirostris*			△	△	△
乌苏拟鲿	*Pseudobagrus ussuriensis*					△
粗唇鮠	*Leiocassis crassilabris*			△	△	△
切尾拟鲿	*Pseudobagrus truncatus*			△	△	△
凹尾拟鲿	*Pseudobagrus emarginatus*			△	△	△
细体拟鲿	*Pseudobagrus pratti*			△	△	△
白缘鉠	*Liobagrus marginatus*			△	△	△
拟缘鉠	*Liobagrus marginatoides*		○		△	
中华纹胸鮡	*Glyptothorax sinensis*			△	△	△
黄石爬鮡	*Euchiloglanis kishinouyei*		○	△	△	
小黄黝鱼	*Micropercops swinhonis*				△	△
子陵吻鰕虎鱼	*Rhinogobius giurinus*			△	△	△

注：□代表省级保护鱼类；○代表长江上游特有鱼类；△代表区域占有情况

2.2.3 鱼类资源量

1. 资源丰度

鱼类资源丰度一般可采用单位捕捞努力量渔获量（catch per unit effort，CPUE）来反映，2014～2017 年，乌东德库区鱼类 CPUE 变化见图 2.5。结果显示：2014～2017 年，乌东德库区 CPUE 为 1.82～3.42（kg/船·天），平均值为 2.54（kg/船·天）。总体上，乌东德江段鱼类资源量较低，四年间呈一定波动下降趋势。

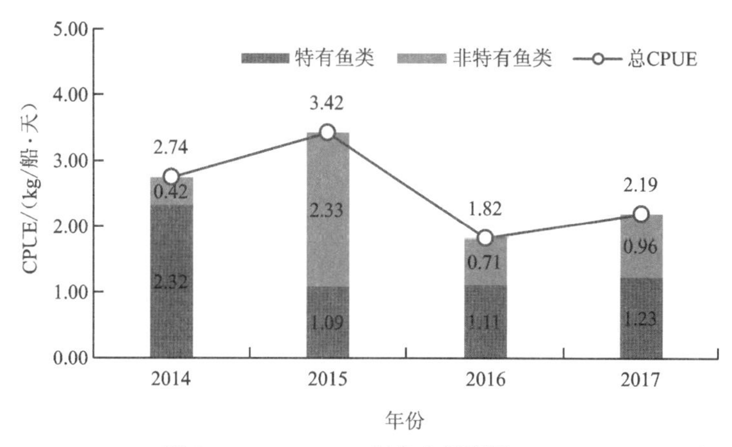

图 2.5　2014～2017 年乌东德库区 CPUE

2. 长江上游特有鱼类

2014～2017 年，乌东德库区长江上游特有鱼类 CPUE 处于 1.09～2.32（kg/船·天），长江上游特有鱼类在渔获物中的重量百分比为 31.83%～84.56%，平均值为 58.38%。

渔获物中长江上游特有鱼类共有 8 种，分别为圆口铜鱼、细鳞裂腹鱼、齐口裂腹鱼、中华金沙鳅、长鳍吻鮈、长丝裂腹鱼、昆明裂腹鱼和长薄鳅。这 8 种鱼类占总采集到的长江上游特有鱼类总量的 98.5%，其中圆口铜鱼、细鳞裂腹鱼和齐口裂腹鱼的重量百分比处于前三位，长江上游特有鱼类组成及占比见图 2.6。

3. 经济鱼类

2014～2017 年在乌东德库区的渔获物调查结果显示：乌东德库区的主要经济鱼类（重量百分比大于 1%）共有 17 种，分别为圆口铜鱼、细鳞裂腹鱼、中华纹胸鮡、墨头鱼、细体拟鲿、凹尾拟鲿、白缘鉠、齐口裂腹鱼、鳘、中华金沙鳅、中华沙鳅、长鳍吻鮈、长丝裂腹鱼、鲤、鲢、昆明裂腹鱼和鲫。这 17 种鱼类占总渔获物重量的 92.5%，其他 65 种鱼类仅占总渔获物重量的 7.5%。经济鱼类组成及占比见图 2.7。

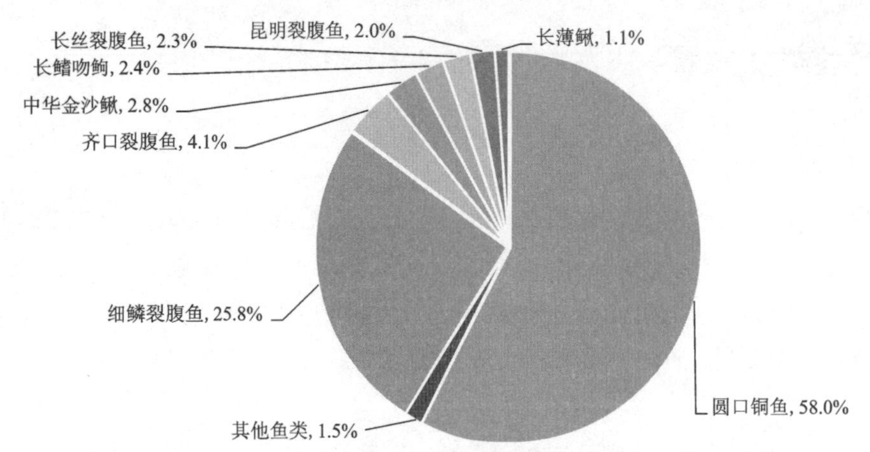

图 2.6　2014～2017 年乌东德库区的主要特有鱼类组成及重量百分比

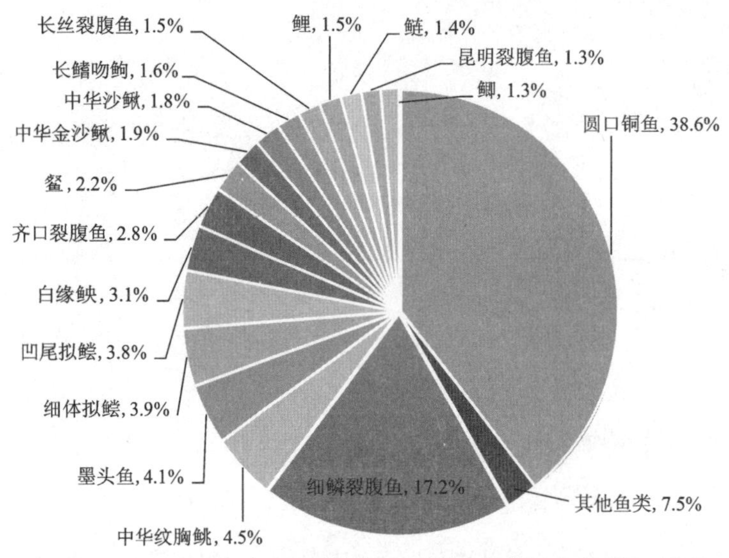

图 2.7　2014～2017 年乌东德库区的主要经济鱼类组成及重量百分比

2.2.4　鱼类生态习性

1. 栖息水层

乌东德河段为峡谷急流河段，属开放性急流型水生态系统，水体流速大，底质以基岩、砾石和卵石为主，鱼类栖息特点总体呈底栖化的特征，该河段鱼类栖息水层情况见图 2.8。

1）中上层鱼类类群

中上层鱼类类群（pelagic fish）喜栖息在水体中上层，其体形通常为纺锤形和侧扁形，游泳能力因其适应环境的差异而不同，这些鱼类多为杂食性或肉食性鱼类。评价区

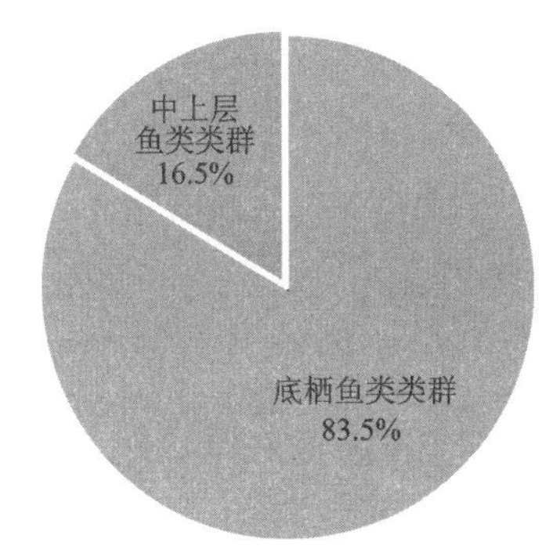

图 2.8　乌东德江段鱼类栖息水层分布

域分布的 79 种鱼类中，该类群有 13 种，包括大银鱼、太湖新银鱼、鳙、鲢、飘鱼、𩽾、翘嘴鲌等，占该区域总鱼类种类数的 16.5%。

2）底栖鱼类类群

底栖鱼类类群（benthic fish）喜栖息在水体中下层及底层，其通常以底栖无脊椎动物和着生藻类为食物的鱼类为主。一些鱼类如平鳍鳅科、鲱科鱼类，其为适应激流生境而在胸腹部具有特殊的吸盘。这种鱼类绝大多数为喜流性鱼类和适应流水、静缓流的广适性鱼类。评价区域共分布有该类型鱼类 66 种，占该区域总种类数的 83.5%。

2. 水流偏好

根据不同鱼类对水流速度的偏好程度，可将评价区域分布的 79 种鱼类，分为 3 个类型：喜流性（rheophilic）、湖沼型（limnophilic）和广适性（eurytopic），其中广适性为能够适应流水和静缓流水生境的广适性鱼类，喜流性为喜欢流水生境的鱼类种类，而湖沼型则为喜欢在静缓流生境中栖息、觅食的鱼类种类。三种类型鱼类组成及占比见图 2.9。

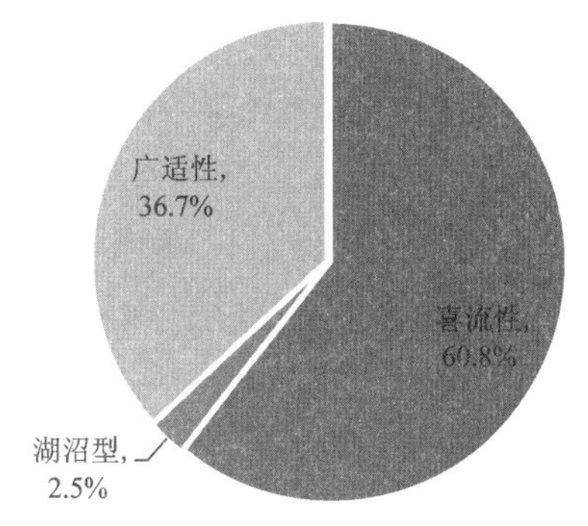

图 2.9　乌东德江段鱼类水流偏好分布

1）喜流性

喜流性为评价区域分布种类数最多的类型，共分布有该类型鱼类48种，包括条鳅亚科、沙鳅亚科、腹吸鳅亚科、平鳍鳅亚科、鲿科、钝头鮠科、鮡科、鮈亚科、鳅鮀亚科、鲃亚科、野鲮亚科等的全部或绝大部分鱼类。

2）湖沼型

湖沼型为该区域分布种类数最少的类群，共 2 种，为大银鱼和翘嘴鲌。这类鱼类适应成库后的生境，其数量能够在水库形成后有所增加。

3）广适性

广适性评价区域共分布有该类型鱼类 29 种，如蛇鮈、中华倒刺鲃、瓦氏黄颡鱼、鲤、鳡、泥鳅、鲫等。这些鱼类在乌东德成库后的数量大概率有所增加。

3. 食性

将评价区域的 79 种鱼类按照其主要的食物类型分为顶级肉食性、杂食性、草食性、底栖无脊椎动物食性、着生藻类食性和浮游生物食性 6 种食性鱼类，其组成及占比见图 2.10。

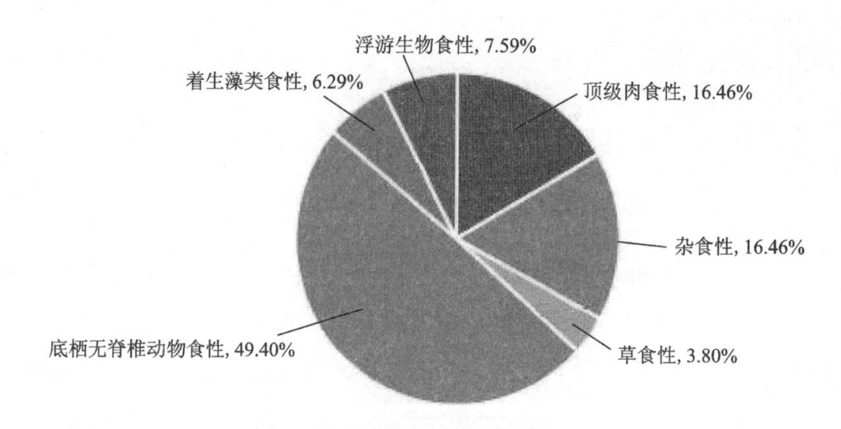

图 2.10　乌东德江段鱼类食性分布

1）顶级肉食性

该类鱼类包括长薄鳅、翘嘴鲌、鲈鲤、鲇、黄颡鱼、光泽黄颡鱼、长吻鮠、马口鱼等，占该区域总鱼类种类数的 16.46%。这类鱼类中的黄颡鱼、光泽黄颡鱼、长吻鮠、马口鱼等在食物匮乏时也摄食底栖无脊椎动物。

2）杂食性

该类型鱼类包括䱗、张氏䱗、贝氏䱗、铜鱼、圆口铜鱼、中华倒刺鲃、重口裂腹鱼、岩原鲤、鲤、鲫等，其中圆口铜鱼和铜鱼也是以底栖无脊椎动物为主要食物的鱼类（圆口铜鱼年内食物组成），如图 2.11 所示。该类型鱼类占评价区域总种类数的 16.46%。

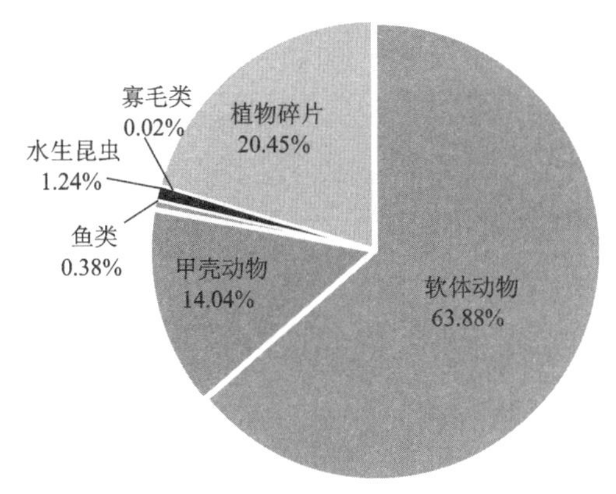

图 2.11 圆口铜鱼食物组成（刘飞 等，2012）
百分比小计数字的和可能不等于合计数字，是因为有些数据进行过舍入修约

3）草食性

该类型鱼类分别为草鱼、高体鳑鲏、彩石鳑鲏，其中高体鳑鲏和彩石鳑鲏也是以浮游生物和着生藻类为主要食物的鱼类种类。该类型鱼类占评价区域总种类数的 3.80%。

4）底栖无脊椎动物食性

该类型鱼类共 39 种，包括鳅科、鮈亚科、鲃亚科等中的部分鱼类。这些鱼类中也有部分鱼类为兼具其他食性类型特征的鱼类。该类型鱼类占评价区域总种类数的 49.40%。

5）着生藻类食性

该类型鱼类包括白甲鱼、四川白甲鱼、华鲮、泉水鱼、墨头鱼、短须裂腹鱼、长丝裂腹鱼等。该类型鱼类占评价区域总种类数的 6.29%。同样地，该类型部分鱼类也兼具其他食性类型特征。

6）浮游生物食性

该类型鱼类典型代表为鲢、鳙及以浮游动物为主食的大银鱼、太湖新银鱼。该类型鱼类占评价区域总种类数的 7.59%。

4. 繁殖习性

根据亲鱼产卵位置的选择及受精卵的性质，调查江段已知繁殖习性的鱼类可划分为产黏沉性卵、产漂流性卵及其他 3 个繁殖生态类群，其组成见图 2.12。

1）产黏沉性卵类群

该类群包括卵产于石质、泥沙底质、草上的产黏沉性卵或产普通沉性卵鱼类。该类群共有 49 种，为评价区域主要的繁殖类群，占该区域总种类数的 62.0%。包括鲈鲤、白甲鱼、泉水鱼、短须裂腹鱼、长丝裂腹鱼、岩原鲤和粗唇鮠等。

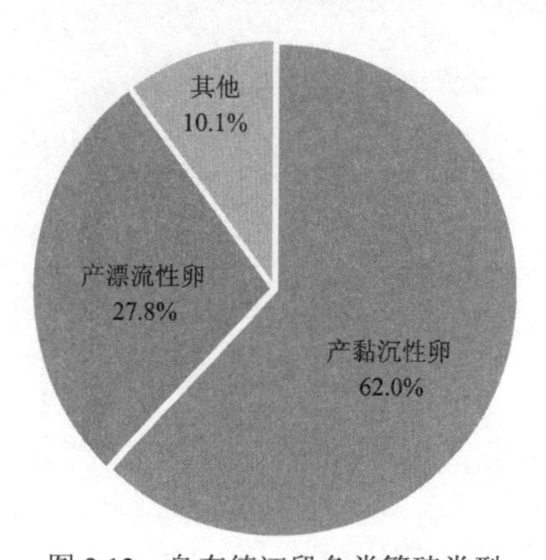

图 2.12　乌东德江段鱼类繁殖类型

百分比小计数字的和可能不等于合计数字，是因为有些数据进行过舍入修约

2）产漂流性卵类群

该类群产卵需要湍急的水流条件，通常在汛期洪峰发生后产卵。这类鱼卵比重略大于水，但产出后卵膜吸水膨胀，在水流的外力作用下，鱼卵悬浮在水层中顺水漂流。孵化出的早期仔鱼，仍然要顺水漂流，待身体发育到具备较强的游泳能力后，才能游到浅水或缓流处停歇。从卵产出到仔鱼具备溯游能力，一般需要 30 h 以上，有的需要时间更长。本区域共有 22 种该类型鱼类，分别为中华沙鳅、长薄鳅、紫薄鳅、草鱼、黄尾鲴、鳙、鲢、餐、贝氏餐、翘嘴鲌、银鮈、铜鱼、圆口铜鱼、吻鮈、圆筒吻鮈、长鳍吻鮈、蛇鮈、犁头鳅、短身金沙鳅、中华金沙鳅、中华倒刺鲃和小黄黝鱼，占总种类数的 27.8%。

3）其他类群

该类群包括筑巢产卵的黄颡鱼、瓦氏黄颡鱼、光泽黄颡鱼及在缠丝或黏丝上发育的大银鱼、太湖新银鱼等 8 种，占总种类数的 10.1%。

5. 洄游习性

根据评价区域现分布鱼类的迁徙及洄游特征，可将该区域的鱼类分为 3 大类：洄游鱼类、短距离迁徙鱼类和定居性鱼类。本书中鱼类的洄游习性是根据鱼类对水流的偏好、体型、最大个体规格、产卵类型及产卵洄游特征等数据综合分析得出。各类型组成及占比见图 2.13。

1）洄游鱼类

洄游鱼类又可以细分为江湖洄游鱼类和河道洄游鱼类，均为淡水洄游鱼类。

其中江湖洄游鱼类是长江中下游复合生态系统中较为常见的一种洄游类型。这些鱼类通常在江河中的流水江段产卵，受精卵随水流扩散进入洪泛平原不同类型的水体进行

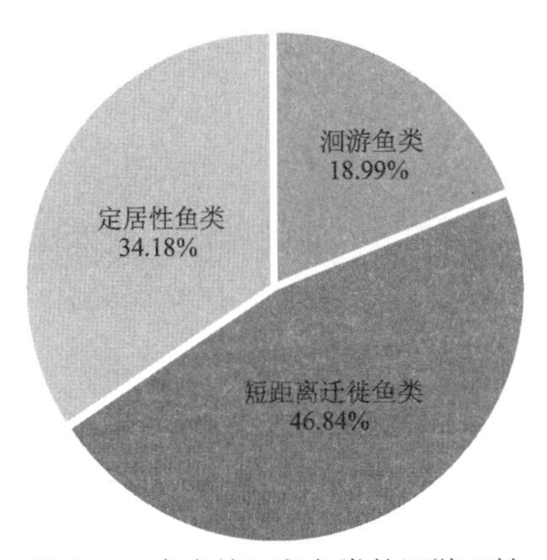

图 2.13 乌东德江段鱼类的洄游习性

百分比小计数字的和可能不等于合计数字，是因为有些数据进行过舍入修约

肥育，育成的亲鱼则再次进入江河中的流水江段繁殖。调查区域典型的江湖洄游鱼类包括草鱼、鲢和鳙。

河道洄游鱼类全部生活史的完成主要限于河流，基本不进入湖泊等附属水体。河道洄游鱼类的洄游可以分为两个阶段。在早期生活史阶段，缺乏主动游泳能力的卵苗被动顺水漂流，扩散至产卵场下游河段；待具备较强的游泳能力以后，则主动上溯至适宜江段繁殖。这些鱼类在江河流水江段的急流浅滩上产黏沉性卵，或在流水江段中产漂流性卵。调查江段包括长薄鳅、鳡、黄尾鲴、铜鱼、圆口铜鱼、吻鮈、圆筒吻鮈、长鳍吻鮈、中华金沙鳅等 19 种鱼类。

2）短距离迁徙鱼类

该类群在生活史周期内发生一定距离的迁徙，种类包括马口鱼、西昌白鱼、翘嘴鲌、异鳔鳅鮀、裸体异鳔鳅鮀、鲈鲤、白甲鱼、齐口裂腹鱼等55种。这些鱼类中既有产漂流性卵的鱼类，也有在流水中产黏沉性卵的鱼类。

3）定居性鱼类

定居性鱼类指能够在相对狭窄水域内完成全部生活史的种类。这些种类通常产黏沉性卵，产卵时的水文条件要求不严格。定居性鱼类包括在湖泊、池塘、水库中完成生活史的种类。在流水中，定居性鱼类倾向选择流速较缓的河段，常呈现区域性分布的特点。定居性鱼类包括在沿岸带产卵的鲤、鲫、鲇、黄颡鱼、飘鱼、戴氏山鳅、前鳍高原鳅等 43 种。

6. 主要生态类群划分

根据栖息水层、水流偏好、食性、繁殖习性和洄游习性等鱼类生态习性特征，对乌东德坝址及其连接江段分布的 79 种鱼类进行聚类分析，其结果采用 Mantel 检验方法对聚类分析结果进行检验，随后，采用随机森林模型对分类结果进行预测模拟，表明影响分类结果的主要因子为水流偏好和繁殖习性。因此最终将 79 种鱼类分为以下 4 个类群。

1）喜流性产黏沉性卵鱼类

该类群包括裂腹鱼亚科、鲃亚科、野鲮鱼亚科，以及鲤科、鳅科、平鳍鳅科、鲿科、鳅科中适应流水生境的鱼类，包括齐口裂腹鱼、细鳞裂腹鱼、短须裂腹鱼、重口裂腹鱼、昆明裂腹鱼、白甲鱼、泉水鱼、墨头鱼、鲈鲤、岩原鲤、短体副鳅、红尾副鳅、前鳍高原鳅、峨眉后平鳅、西昌华吸鳅、粗唇鮠、切尾拟鲿、中华纹胸鮡、黄石爬鮡等。

2）喜流性产漂流性卵鱼类

该类群包括鲴亚科、鮈亚科、鳅科和平鳍鳅科中适应流水生境产漂流性卵的鱼类。这些鱼类产卵对水文情势的要求较高，且需要在砾石或卵石底质上产卵，其产卵活动容易受到大坝蓄水运行的影响。这一类群包括铜鱼、圆口铜鱼、长鳍吻鮈、圆筒吻鮈、长薄鳅、黄尾鲴、中华金沙鳅、短身金沙鳅等。

3）广适性产黏沉性卵鱼类

该类群为能够适应库区生境和河流自然生境的鱼类。这些鱼类产卵繁殖所需的水文情势要求不高，在静缓流水中均能够完成自然生活史过程，其在河流水库蓄水运行后的资源量通常呈上升趋势。这个类群包括鲤、鲫、鲇、黄颡鱼、瓦氏黄颡鱼、光泽黄颡鱼、麦穗鱼、泥鳅、棒花鱼等。

4）广适性产漂流性卵鱼类

该类群为能够适应库区生境的鱼类，其产卵活动通常发生在库区上游或支流流水江段。该类群的部分种类产卵时对水文情势的要求较高，如鲢、鳙等，但也有部分鱼类产卵时对水文情势的要求不高，如蛇鮈、银鮈、翘嘴鲌等。许多调查表明，三峡、向家坝、溪洛渡水电站蓄水运行后，库区江段的鲢、鳙、草鱼、翘嘴鲌等的数量相较蓄水前明显增加，并且在这些库区上游的部分流水江段形成了新的产卵场。总之，该类群鱼类相对于长江上游的土著鱼类而言，多数为能够适应蓄水后的生境，并形成较大规模的种群。

2.3　鱼类生境特征及变化趋势

2.3.1　基础生境

鱼类基础生境指对鱼类的生存繁殖起到至关重要的生境指标。《生物学评估操作规范》(operating criteria and procedures，BA) 指出，在鱼类基础生境（essential fish habitat，

EFH）的识别过程中，对鱼类繁殖、产卵和洄游起关键作用的鱼类基础生境应包含以下几方面的详细信息：①底质；②水文、水质；③水量、水深和流态；④栖息地稳定性特征；⑤饵料生物组成；⑥栖息地覆盖度及复杂性；⑦栖息地的垂直和水平空间分布特征；⑧栖息地的各种进出口和通道；⑨栖息地的连续性特征等。

本书结合水利水电工程特性，以过鱼设施中对坝上生境判别为目标，对鱼类基础生境指标进行细化和重新归类，见表 2.3。

表 2.3　鱼类基础生境指标

鱼类基础生境	指标
底质	底质类型、粒径
水文	流量、水位、流速
水质	水温、溶解氧、水质情况
饵料生物	藻类、底栖动物、小型鱼类
空间特性	稳定性及复杂度、生态通道

1. 底质

金沙江河床比降大，水流湍急，河床底质一般为卵石、砾石、碎石、细砂，根据钻孔资料，乌东德江段河床底质多为卵石、砾石夹碎石，见图 2.14。

图 2.14　乌东德江段河床底质

乌东德水电站蓄水运行后，水库常年回水区，由于水深大、流速缓，入库泥沙绝大部分在此段落淤，同时，由于汛期乌东德库水位按防洪限制水位控制运用，坝前水位低、入库流量大，水流挟带泥沙能力强，库尾段淤沙及上游来沙多被带到此段淤积，该段河道底质从砾石、卵石为主逐步变化为淤泥质（图 2.15）。

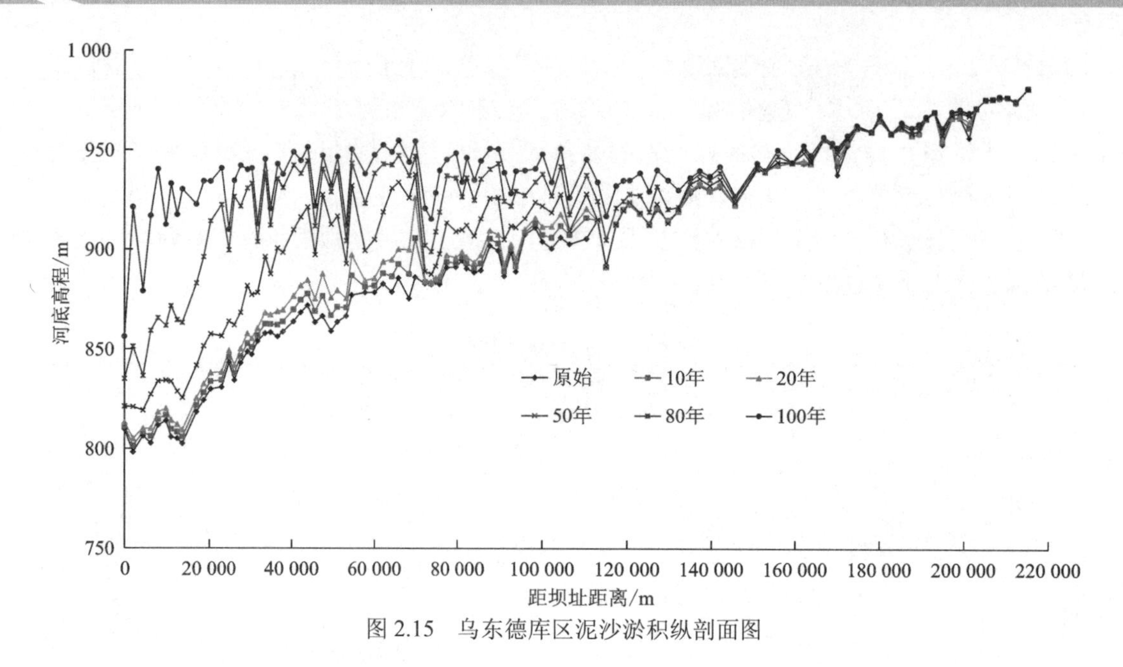

图 2.15　乌东德库区泥沙淤积纵剖面图

2. 水文

1）流量

天然情况下，金沙江干流径流年内分配极不均匀，坝址多年平均流量丰水期 8 月月均流量为枯水期 3 月月均流量的 8.14 倍，6～10 月径流量占全年径流量的 76%（考虑上游梯级调蓄后占 75.7%）。

乌东德水电站建成运行后，在汛期，尤其是 8 月，水库调洪运行时，坝下游流量较建库前流量明显减少，水库调洪削峰作用明显。6 月水库需腾空库容，库水位降至汛限水位以下，下泄流量较建库前有所增加。其余月份，受水库调节能力及水电站发电影响，下泄流量较建库前有所增加或者不变。各典型年建库后年平均下泄流量较建库前均有所变化，变化程度均低于 1%，变化不明显；各典型年汛期减水程度相对较大，但年内枯水期下游流量增加明显，年内径流分配过程坦化。多年平均条件下，建库后多年平均流量较建库前仅减少 3 m^3/s，主要是受水库蒸发、渗漏影响。总体来看，乌东德水电站运行前后下泄流量变化较小，如图 2.16 所示。

2）水位

（1）库区水位。乌东德水电站建成运行后，库区水位大幅抬升，库区水位变化呈自上游往下水位增幅逐渐变大的趋势，见图 2.17 和图 2.18。雅砻江河口上、下 1 km 断面水位变化不明显；三堆子、钒钛工业园及金江等断面建库前后水位除 7 月外，其余月均有 0.12 m 以上的变化；库中江边断面水位抬升明显，抬升幅度 30.95～57.45 m；皎平渡断面水位抬升幅度在 84.00～109.42 m；鲹鱼河下游 1 km 断面，水位抬升幅度在 84.00～109.42 m；坝址处水位抬升幅度在 132.43～162.10 m。

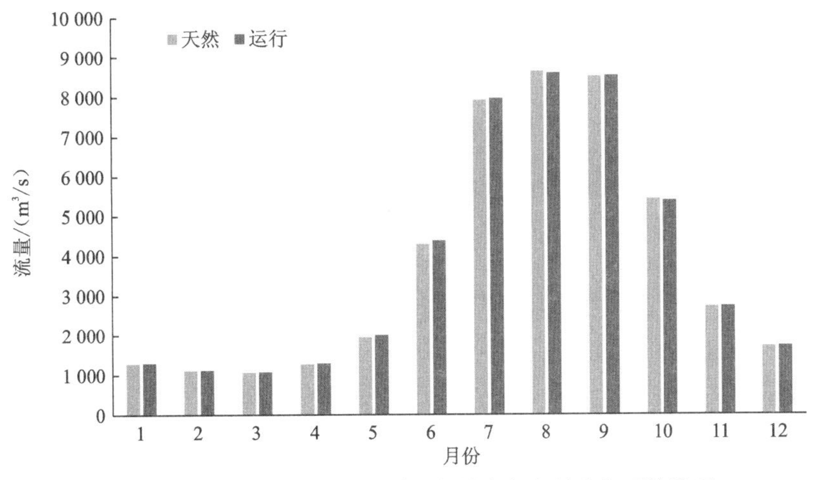

图 2.16 乌东德水电站运行前后坝址全年各月多年平均流量

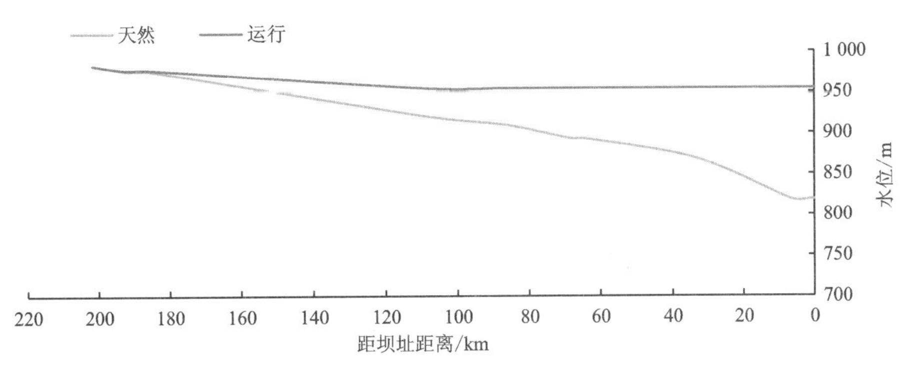

图 2.17 乌东德建库前后汛期（6 月）水位沿程变化（平水年 $P=50\%$）

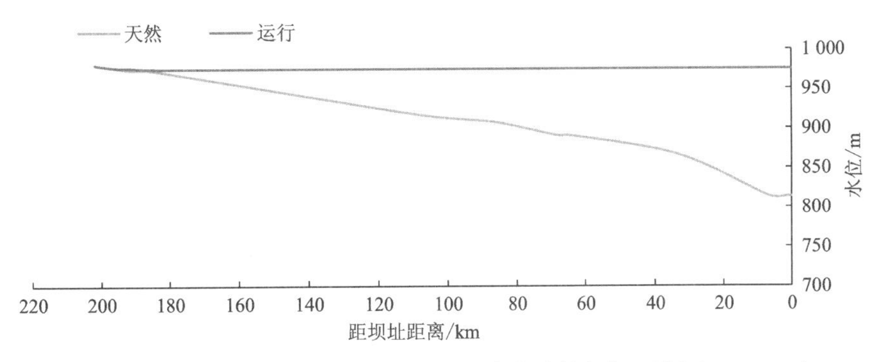

图 2.18 乌东德建库前后枯水期（11 月）水位沿程变化（平水年 $P=50\%$）

（2）下游水位。乌东德水电站建库后，坝下游水位受水库调蓄影响较大，总体趋于坦化。丰水期，受水库调洪削峰作用，坝下游水位有明显降低，平水期水位较建库前变化不大，枯水期水位均高于天然条件下的水位。坝下游断面多年平均条件下，水位最大增量为 1.6 m（6 月），最大降幅为 1.4 m（8 月）。1～4 月水位变幅不大，变幅范围为 0.1～0.2 m，5 月水位降低 0.3 m。其余月份水位不变，见表 2.4。

表 2.4　建库前后坝下游处水位变化情况对比表（多年平均）　（单位：m）

工况	年内坝下游水位情况												极值	
	1月	2月	3月	4月	5月	6月	7月	8月	9月	10月	11月	12月	最大	最小
建库前	817.9	817.6	817.7	818.0	819.2	822.4	826.3	828.4	828.9	824.8	820.1	818.5	—	—
建库后	818.0	817.8	817.9	818.1	818.9	824.0	826.3	827.0	828.9	824.8	820.1	818.5	—	—
变化量	0.1	0.2	0.2	0.1	−0.3	1.6	0.0	−1.4	0.0	0.0	0.0	0.0	1.6	−1.4

下游白鹤滩水电站建成运行后，9 月～次年 2 月乌东德坝下水位与白鹤滩库水位衔接，各月下游平均水位见图 2.19。

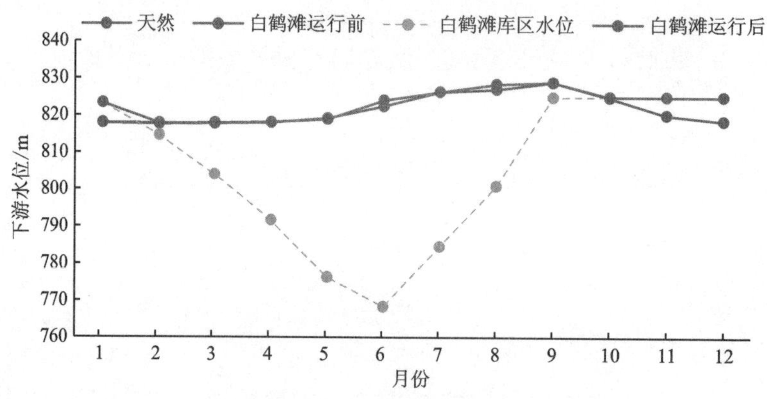

图 2.19　乌东德水电站运行前后下游各月平均水位

3）流速

库区及以上：乌东德水电站建库前后，库区各主要控制断面流速变化较大，建库后库区流速总体呈自上游向下各断面流速逐渐减小的趋势。总体上看，库尾金江镇及其以上断面逐月流速变化不明显，库区钒钛工业园区以下断面流速变化均较为明显，库区河段由急流转为缓流，汛期及枯水期乌东德库区沿程流速及变化情况见图 2.20 和图 2.21。

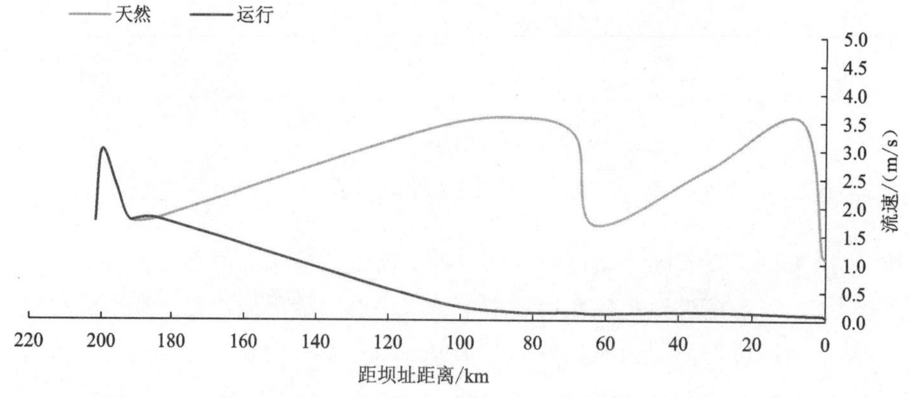

图 2.20　建库前后汛期（6 月）库区沿程流速变化（平水年 $P=50\%$）

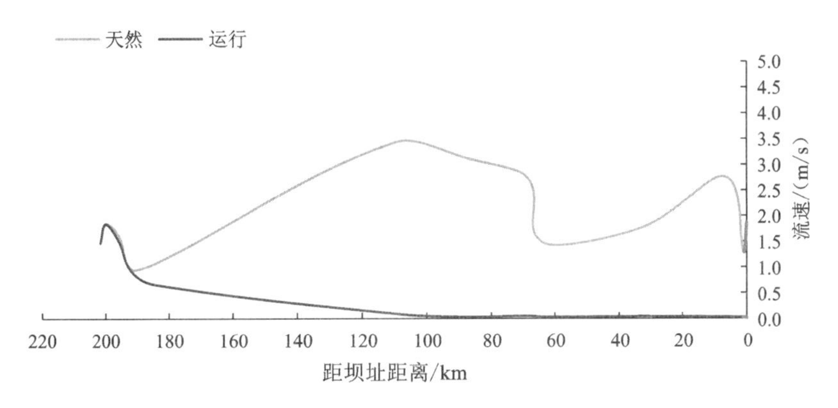

图2.21 建库前后枯水期（11月）库区沿程流速变化（平水年 $P=50\%$）

坝下：白鹤滩水电站蓄水前，由于下泄流量过程与天然状态差异不大，下游河道流速不会出现显著变化。白鹤滩水电站蓄水后，枯水期其回水与乌东德衔接，由于水库水深增加，水面面积增大，库区尤其是库首及库中流速减缓，库区江段水域环境从急流河道型向静水湖库型转变，白鹤滩库区流速变化见图2.22。

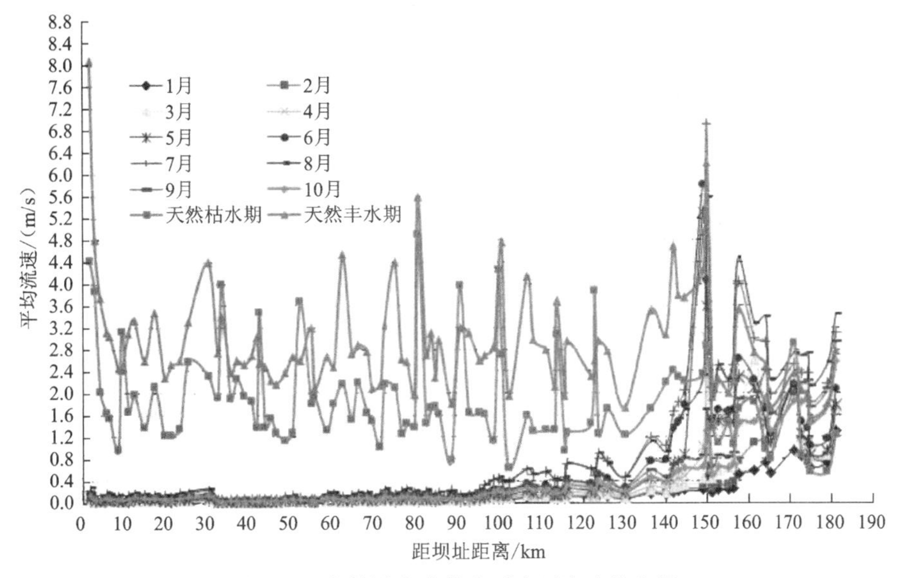

图2.22 白鹤滩水库蓄水后库区流速分布图

3. 水质

1）水温

库区：乌东德水库蓄水后，库区水温呈季节性分层状态。平水年在春秋季，存在一定表层温跃层及分层现象[图2.23（a）]，库底水温降低，表层水温和库底水温的年内最大温差可达14℃，在夏季低水位运行时，表层水体交换混合得到加强[图2.23（b）]。

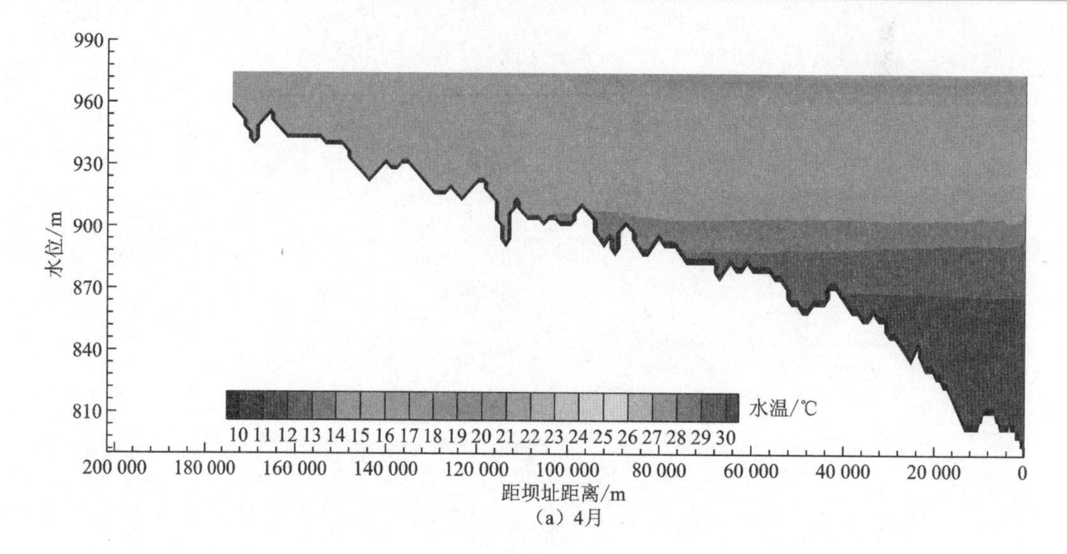

（a）4月

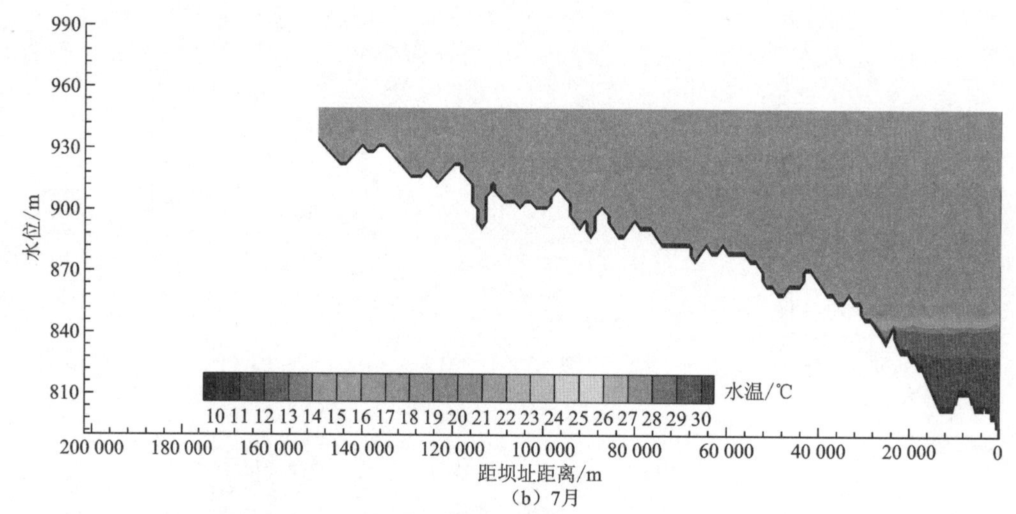

（b）7月

图 2.23　乌东德库区平水年 4 月、7 月库区二维水温分布

坝下：乌东德水电站运行对下游水温过程有一定程度的影响，主要体现在春季低温水和冬季高温水。典型年在 2～8 月的下泄水温低于坝址现状水温，降幅 1.5～2℃，升温期电站下泄水温出现一定延迟；各典型年下泄水温在 10 月～次年 1 月高于坝址现状水温，升幅 1.0～1.8℃。

2）溶解氧

库区：乌东德水电站蓄水后，库区流速减缓，水体交换频率降低，使污染物扩散能力下降，水体复氧能力减弱，深层水体溶解氧含量偏低。

坝下：乌东德水电站由于泄洪水头高，流量大，各泄洪预测工况均出现总溶解气体过饱和现象，在非泄洪工况下，水体溶解氧含量与天然状况相比变化不大。

3）水质情况

蓄水初期，由于库底残留的有机物分解，土壤中氮、磷、有机质等进入水体，短期内营养物质含量可能会有所增加。电站稳定运行后，库区流速减缓，水体滞留时间延长，库区水体营养负荷较原河流会有一定程度的增加。白鹤滩蓄水前坝下总体水质变化不大，白鹤滩蓄水后营养负荷也会有一定程度增加。

4. 饵料生物

根据长江水产研究所2017年的调查成果，鱼类饵料生物情况如下。

（1）浮游植物。乌东德附近江段（雅砻江口至白鹤滩坝址）浮游植物密度和生物量水平总体较低。种类组成方面蓝藻门、绿藻门和硅藻门占主要地位，其中对浮游植物密度贡献最大的是蓝藻门，生物量贡献最大的是硅藻门。各断面间浮游植物密度和生物量差异都较大，总体上支流浮游植物密度和生物量水平高于干流。各断面浮游生物生物量，如图2.24所示。

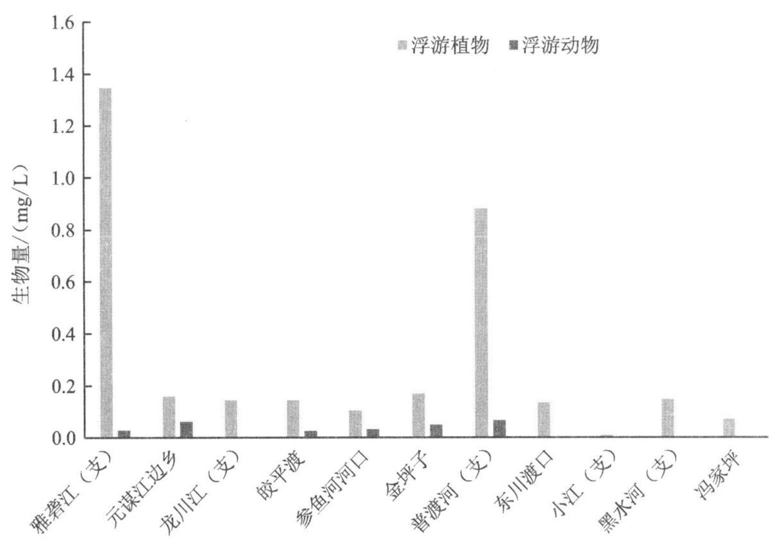

图2.24　2017年乌东德附近江段浮游生物生物量

（2）浮游动物。乌东德附近江段浮游动物密度和生物量水平总体较低，原生动物和轮虫占主要地位，枝角类和桡足类较少。各断面中普渡河、元谋江边、金坪子断面浮游动物密度和生物量相对较高，其余断面的浮游动物密度和生物量水平较低。各断面浮游动物生物量，如图2.24所示。

（3）底栖动物。综合考虑底栖动物的种类组成、细胞密度、生物量及群落多样性，乌东德附近江段水体处于低营养的水平。各断面底栖动物生物量见图2.25，底栖动物现存量较高的断面分别为龙川江（支）、普渡河（支）、参鱼河河口及黑水河，总体上支流及河口区域底栖生物量高于干流。

（4）周丛生物。乌东德附近江段周丛生物密度和生物量水平总体较低，元谋江边乡和龙川江（支）的周丛生物密度和生物量水平较高，各断面周丛生物生物量，如图 2.25 所示。

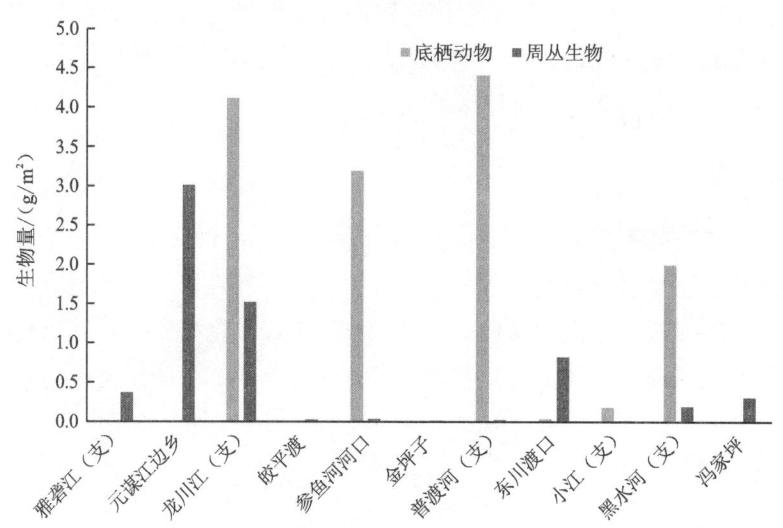

图 2.25　2017 年乌东德附近江段底栖动物及周丛生物生物量

5. 空间特性

（1）稳定性及复杂度。蓄水前，金沙江乌东德河段基本属于天然状态，窄谷与宽谷束放相间，水流湍急，滩潭交替，属开放型急流生态系统，典型河道生境，如图 2.26 所示。

图 2.26　乌东德江段典型河道生境

乌东德水电站蓄水后，洪水强度和持续时间减弱，坝上库区生境复杂度有一定程度下降，稳定性会增加。坝下河道生境复杂度在白鹤滩库区会呈现一定下降，稳定性会有所增加。

但总体上，金沙江下游地区为典型的高山峡谷地貌，乌东德库区段地形起伏显著，水位落差大，河谷狭窄，蜿蜒曲折。库区江段的主河谷呈“V”形，落差为 178 m，河床比降为 0.86‰。由于干流河道形态特征，乌东德水库建成蓄水后，库区总长度 202.1 km 的河段，平均每千米河道水面宽度增加约 370 m，成湖率较低，水库仍呈现出一定的河道性质，河道的物理结构仍具有一定的复杂度，正常蓄水位下库区河道沿程宽度见图 2.27。

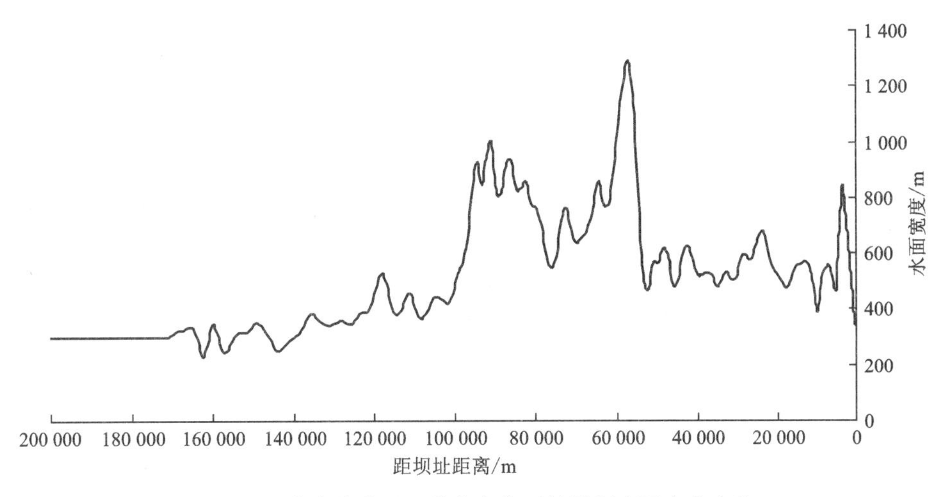

图 2.27　乌东德库区正常蓄水位下的沿程水面宽度变化

（2）生态通道。乌东德水电站建成运行后，由于大坝的阻隔，库区生境与坝下连通性变弱，同时随着上游金沙及银江水电站的建设运行，库区与上游连通性也变弱，综合来看，库区生境与上下游生境之间连通性大大减弱。

2.3.2　鱼类重要生境

1. 产卵场

金沙江中下游大部分江段水流湍急，但同时也存在一些水流较缓、砾石较多的“滩”和“沱”，这种缓急交替的水流条件满足不同鱼类的繁殖要求。如长薄鳅、圆口铜鱼、圆筒吻鮈、长鳍吻鮈等产漂流性卵鱼类，以及裂腹鱼、墨头鱼、岩原鲤、白甲鱼等产黏沉性卵的鱼类。

（1）产漂流性卵鱼类产卵场。根据乌东德水电站环评阶段调查，乌东德库区分布有 1 处产漂流性卵鱼类产卵场，即皎平渡产卵场，主要产卵鱼类为犁头鳅、中华沙鳅和圆口铜鱼，为金沙江下游鱼类产卵中规模最大的产漂流性卵鱼类产卵场。白鹤滩水电站环评阶段调查白鹤滩库区分布有会东、会泽、八家坪、巧家和白鹤滩 5 个产漂流性卵鱼类产卵场。

2016 年和 2017 年长江水产研究所、水工程生态研究所等对乌东德坝址附近江段鱼类产卵场进行了详细调查，乌东德坝址上游共监测到的 4 个产漂流性卵鱼类产卵场，距监测断面（皎平渡）的距离分别为 11～48 km、55～67 km、92～108 km 和 166～194 km，即皎平渡、会理—永仁、元谋和攀枝花江段，其中以皎平渡和会理-永仁两个产卵场的卵苗量最多（分别占卵苗总径流量的 38.46%和 39.03%）。

坝下共监测到 5 个产漂流性卵鱼类产卵场，距监测断面（巧家渡口）的距离分别为 0 km、60～75 km、110 km、150～165 km 和 190 km，即金沙江巧家渡口、黄坪乡—喻坝、中坪子—黄草坪、花山—濛沽和志力江段。2016～2017 年调查的产漂流性卵鱼类产卵场分布见图 2.28。

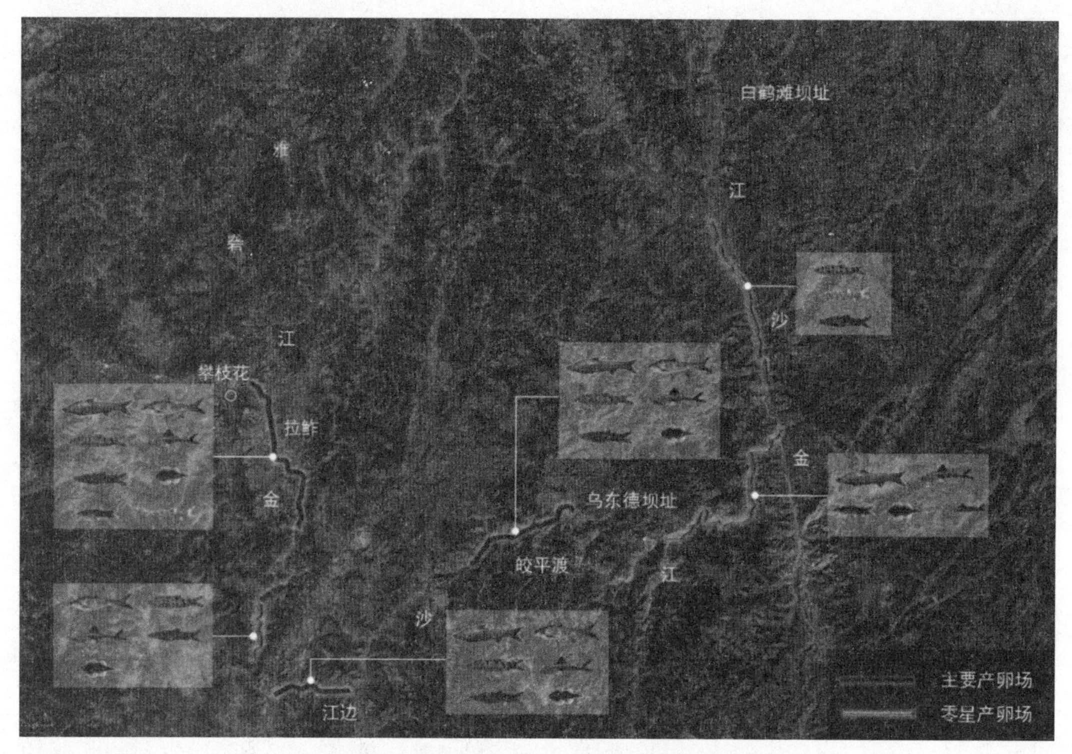

图 2.28　乌东德坝址附近江段主要漂流性卵鱼类产卵场分布

乌东德蓄水后，其库区的皎平渡、会理—永仁、元谋等产卵场被淹没，部分在流水砾石上产漂流性卵的鱼类的产卵场面积受到压缩。而攀枝花产卵场（攀枝花—拉鲊）江段大部分处在乌东德库区变动回水区，在鱼类繁殖季节基本保持天然河流状态，仍具备一定产卵场条件，库区产漂流性卵的鱼类上溯至该江段产卵，但由于流水江段距离有限，漂流性卵流程变短，部分鱼卵漂流孵化条件变差。部分对水文和底质要求不高的产漂流性卵鱼类如银鮈、蛇鮈、翘嘴鲌等的产卵场会继续维持。

坝下方面，白鹤滩水库蓄水前，该江段鱼类产卵场没有显著变化，白鹤滩水库蓄水后，乌东德坝下现有的白鹤滩、金沙江巧家渡口、黄坪—喻坝、中坪子—黄草坪、花山—濛沽和志力 5 个产卵场被淹没，库尾最长约 35 km 变动回水区流程较短，漂流性卵孵化条件也大大受限。

（2）产黏沉性卵鱼类产卵场。产黏沉性卵鱼类相对于产漂流性卵鱼类对产卵场生境条件的要求较低，一般的砾石浅滩都可能成为产黏沉性卵鱼类的产卵场，因此，产黏沉性卵鱼类产卵场分布较为分散，一般没有固定的产卵场。根据乌东德水电站工程环评阶段调查，在乌东德库区，产黏沉性卵相对集中的江段有雅砻江汇口、拉鲊、勐果河汇口、元谋江边、尘河汇口、鲹鱼河汇口、新田等 7 处裂腹鱼、鲤等产黏沉性卵鱼类产卵场；支流内主要为雅砻江牛场坪、尘河、鲹鱼河小岔河乡 3 处裂腹鱼、鲤等产黏沉性卵鱼类产卵场。

根据白鹤滩水电站工程环评阶段调查，乌东德坝下（白鹤滩库区）相对集中的产黏沉性卵鱼类产卵场有巧家、大崇、蒙姑、野牛坪湾等江段，白鹤滩蓄水后，这些产卵场被淹没，但库区及支流仍具备产黏沉性卵鱼类产卵的条件。白鹤滩坝下为溪洛渡库尾，水位日变幅（水位最大日变幅 6.7 m，流速最大日变幅 1.93 m/s）对坝下河段规模不大的产黏沉性卵鱼类产卵场产生影响。另一方面，库区的形成，库岸线的增加，喜静水产黏性卵鱼类如鲤、鲫及喜流水产微黏性卵的如鲌亚科、鲴亚科的鱼类的产卵环境改善，资源量急剧增加，成为库区鱼类优势种群。鲤、鲫、鲇、黄颡鱼等黏草产卵鱼类的产卵场在蓄水后增加，其增加的面积取决于库区消落区面积的大小。在砾石底质流水生境产黏沉性卵的鱼类的产卵场明显减少，而在沿岸带泥沙中产卵或筑巢的鱼类，如瓦氏黄颡鱼、麦穗鱼、泥鳅、棒花鱼等的产卵场有所增加或变化不大。

2. 索饵场

调查江段的鱼类多为以着生藻类、有机碎屑、底栖无脊椎动物等为主要食物的鱼类，浅水区光照条件好，礁石或砾石滩适宜着生藻类生长，相应的底栖无脊椎动物也较为丰富，往往成为鱼类重要的索饵场所。3～4 月，干支流水位开始上涨，部分鱼类会沿支流上溯索饵。喜流性鱼类早春索饵区多为礁石林立的险滩和平缓的砾石长滩，这里水流湍急，索饵区与产卵场重叠较大；缓流水或静水性鱼类往往会在险滩间水流平缓的顺直深潭河段、河湾回水区、开阔平缓河段、支流河口河段及支流等处索饵。每年 5～9 月是金沙江洪水季节，鱼类随涨水而上溯，游到各淹没区和支流索饵，扩大觅食范围。

鱼类育幼环境对种群恢复发展至关重要。育幼区通常要求水流比较平缓，适口饵料丰富，水位相对稳定，这与缓流水和静水性鱼类索饵环境相似。调查江段总体上水流湍急，支流不发育，育幼环境较差。因此，险滩间水流稍缓的顺直深潭河段、河湾回水区、开阔稍缓流河段和支流河口，甚至是礁石间缓流坑凼，都可能成为流水性鱼类的重要育幼场。而对于圆口铜鱼、长鳍吻鮈、长薄鳅、金沙鳅等产漂流性卵的鱼类，孵化的鱼卵及仔幼鱼随水漂流的距离比较长，散布河流下游较为广阔的缓流水域索饵肥育。该江段主要索饵场有河门口、雅砻江河口等。

乌东德水库蓄水后，以浮游生物为主要食物的鱼类的索饵场面积明显增加，而以着生藻类、底栖无脊椎动物为主要食物的鱼类的索饵场面积明显减少。杂食性、部分顶级肉食性鱼类及其他食谱较宽、具有较强食物可塑性的鱼类的索饵场面积也不会明显减少，甚至部分鱼类如鳡、翘嘴鲌、蒙古鲌、鳜等鱼类的饵料生物蓄水后更为丰富。

3. 越冬场

每年 11 月以后，随着气温下降，水量减少，水位降低，鱼类活动减少，鱼类从支流或浅水区进入饵料资源相对丰富，温度较为稳定的深水潭中越冬。鱼类越冬场一般为急流险滩下水流冲刷形成的深潭，深潭河床多为基岩、礁石和砾石，着生藻类、水生昆虫等较为丰富。规模较大的越冬场往往和产卵场相伴。险滩之间河道较顺直，鱼类也会在此越冬，但越冬条件较差，越冬种群通常不大。乌东德库区主要的鱼类越冬场有勐果河河口、雅砻江河口、攀枝花拉鲊。

乌东德水库蓄水后，对适应库区过渡带及湖泊带的鱼类而言，其越冬场的面积大大增加，而对于仅适应具有一定流水生境的深水沱越冬场的鱼类而言，其的越冬场面积有所缩小。

2.4 资源演变趋势分析

2.4.1 鱼类生境适宜度变化

根据不同鱼类的生态习性及基础生境因子的变化特征，对乌东德运行后坝上及不同生态类群的相应变化进行了分析预测，见表 2.5。

表 2.5　鱼类基础生境变化预测及对鱼类的影响分析

鱼类基础生境	指标	变化	有利类群	不利类群
底质	类型	坝前呈现一定的淤积，底质由砾石、卵石转向砂质泥质		产黏沉性卵鱼类
	粒径	减小		
水文	流量	—		
	水位	水位大幅上升，水体变大	所有类群	
	流速	库区流速显著降低	湖沼型鱼类	喜流性鱼类 产漂流性卵鱼类
水质	水温	总体变化不显著，坝前可能分层		
	溶解氧含量	库区水流变缓，溶解氧含量下降，底层下降尤为显著		底栖鱼类 喜流性鱼类
	水化学	库区无新污染源汇入，水化学指标变化不显著		

续表

鱼类基础生境	指标	变化	有利类群	不利类群
饵料生物	浮游植物	增加	滤食性鱼类	
	浮游动物	增加	滤食性鱼类	
	着生藻	一定程度减少		刮食性鱼类（如裂腹鱼类等）
	底栖生物	流水性底栖（软体动物）减少，静水或微流性底栖生物（寡毛纲、摇蚊）增加		大型底栖动物食性鱼类（如鳅科、鲱科）
空间特性	洄游通道	阻断		洄游鱼类
	复杂度	水库蓄水后，坝上生境稳定性增加，复杂度降低	广适性种类	

为客观评价工程建坝运行后鱼类对坝上江段的生境适宜度变化，对 4 大生态类群鱼类的生境适宜度变化进行了分析和预测。通过对不同生态类群鱼类生态习性的调研，并类比该类鱼类在三峡、二滩、丹江口等大型水库蓄水前后资源量的变化特征，得到乌东德江段 4 大生态类群鱼类在不同时间节点及不同功能江段的生境适宜度变化规律（表 2.6）。

表 2.6　乌东德水库及白鹤滩水库不同运行阶段鱼类生境适宜度变化分析

生态类群	乌东德→库尾			坝下→白鹤滩		
	库尾	变动回水区	库区	运行期	变动回水区	库区
喜流性产黏沉性卵鱼类	—	↓	↓↓	白鹤滩水库蓄水前	—	—
				白鹤滩水库蓄水后	↓	↓↓
喜流性产漂流性卵鱼类	—	↓	↓↓	白鹤滩水库蓄水前	—	—
				白鹤滩水库蓄水后	↓	↓↓
广适性产黏沉性卵鱼类	—	↑↑	↑↑	白鹤滩水库蓄水前	—	—
				白鹤滩水库蓄水后	↑↑	↑↑
广适性产漂流性卵鱼类	↑	↑↑	↑	白鹤滩水库蓄水前	—	—
				白鹤滩水库蓄水后	↑↑	↑↑

注：↑代表生境适宜度上升；↑↑代表生境适宜度显著上升；↓代表生境适宜度下降；↓↓代表生境适宜度显著下降；— 代表生境适宜度无显著变化

1. 乌东德坝上

在乌东德水库库尾流水江段，由于其河段仍基本保持自然流水生境，所以对喜流性产黏沉性卵鱼类、喜流性产漂流性卵鱼类及广适性产黏沉性卵鱼类而言，其的生境适宜度在乌东德水库蓄水后是保持基本不变的；而对广适性产漂流性卵鱼类而言，由于其产卵活动所需的水文条件不高，所以库尾生境很容易成为这些鱼类新的产卵场，从而客观增加了这些鱼类的生境适宜度。

在回水变动区，由于底质及水文情势特征或多或少的改变，对喜流性产黏沉性卵鱼类和产漂流性卵鱼类而言，这些区域已难以作为这些鱼类的产卵场，所以这些鱼类通常具有较为严格的繁殖水文需求和底质特征需求。此外，库区基质的改变，将导致库区饵料生物组成和丰度的改变，这也会对上述类群鱼类的摄食活动造成影响（特别是在高水位运行时）。尽管如此，对广适性产黏沉性卵鱼类和产漂流性卵鱼类而言，由于蓄水后回水变动区生境面积的增加及饵料资源的丰富，这两类鱼类的生境适宜度明显上升。

在库区江段，由于喜流水的鱼类不能适应静缓流生境，所以喜流性产黏沉性卵鱼类和产漂流性卵鱼类在库区江段的生境适宜度在蓄水后是显著下降。对广适性产黏沉性卵鱼类而言，由于其能够在库区江段生长、繁殖，所以其生境适宜度在蓄水后是明显上升；对广适性产漂流性卵鱼类而言，尽管其能够在库区江段摄食、生长，但是其的繁殖依赖于回水变动区及库尾江段，因此总体而言，其的生境适宜度在蓄水后有所上升。

2. 乌东德坝下

在白鹤滩水库蓄水前，4 大生态类群鱼类在乌东德坝下江段的生境适宜度均不会发生明显改变。白鹤滩水库蓄水后，由于坝下生境的显著改变及乌东德水库蓄水运行对下游江段的影响，喜流性产黏沉性卵鱼类和产漂流性卵鱼类的生境适宜度将会有所下降或显著下降。尽管如此，由于静缓流生境的增加及饵料来源的丰富，广适性产黏沉性卵鱼类和产漂流性卵鱼类在坝下江段的生境适宜度将会有所上升或明显上升。

2.4.2　鱼类资源演变趋势

乌东德及白鹤滩水电站建成运行后，当地鱼类群落会随着水域生境的变化而发生演替，相应的过鱼目标及其生境适宜度也会发生变化。为掌握工程建成运行后过鱼种类变化情况，需要对乌东德及白鹤滩水电站建成运行后的鱼类种类变化进行分析和预测。

拟对溪洛渡、观音岩、二滩等金沙江中下游、雅砻江下游已建工程蓄水前后鱼类资源分布历史、现状及变动趋势进行整理，分析其中规律。根据乌东德水电站的运行特点，分析乌东德及白鹤滩水电站成库后不同鱼类的生境适应性，研究鱼类种群、优势种的变动趋势，为过鱼目标的复核提供依据。

1. 资源量变化

根据二滩、三峡、溪洛渡、向家坝等水库的调查结果，水库形成后水体体积增加、水深加大、透明度上升，水体初级生产力提高，库区鱼类资源量均较之蓄水前有明显上升。以二滩水电站为例，蓄水前二滩库区江段及附近支流的渔业捕捞量为 86.4～121.0 t，2003 年仅库区江段的捕捞量就达到 2 750 t 以上，增加了 20 多倍。

2. 种类组成变化

对长江上游干支流的三峡、向家坝、溪洛渡、银盘、彭水、观音岩、龙开口、金安桥、二滩、官地等水库蓄水前后的鱼类种类组成进行综合分析，探讨其一般性的规律，可以发现如下规律。

（1）蓄水后库区江段的鱼类种类数有所下降，其中许多广适性种类成为库区内新分布种，而部分喜流性鱼类在库区江段渔获物中消失。

（2）长江上游特有鱼类被压缩到回水变动区及库尾以上江段，其在库区江段的种类数明显下降。

（3）外来物种种类数均有不同程度的增加，特别是海拔较高的库区上游河段（如金沙江中游、雅砻江等）外来物种种类数增加相对更多。

（4）建库前库区上游河段的种类较少，建库后其种类数有所增加；建库前后，库尾河段、库区、库区下游河段及支流的鱼类种类数均呈下降趋势。

3. 生态类群演变

目前，乌东德江段鱼类种类组成以裂腹鱼类、平鳍鳅类、鮈亚科、鲿科、鳅科等适应激流生境类群的物种为主，适应静水、缓流水体的鱼类较少。尽管如此，类比二滩、观音岩、溪洛渡等水库蓄水前后的鱼类生态类群组成可知，乌东德水库建成后，由于水库水深加大，流速减缓，所以库区鱼类种类发生较大变化，适应静水、缓流的鱼类成为水库的优势种群，而适应激流水体的鱼类退缩至库尾和支流河沟江段。同时，由于库区水文环境变得温和及饵料资源的丰富，外来物种成为库区重要的生态类群。

图 2.29 显示向家坝和溪洛渡库区鱼类种类组成与溪洛渡库区上游流水江段（雅砻江河口、乌东德和白鹤滩江段）鱼类种类组成的差异。由于在向家坝水库和溪洛渡水库蓄水前，上述两个区域的鱼类种类组成差异不大，因此，图 2.29 能够准确反映蓄水后乌东德库区江段的鱼类种类组成变化。从图 2.29 可知，乌东德水库蓄水后，可以预见短须裂腹鱼、齐口裂腹鱼、细鳞裂腹鱼、昆明裂腹鱼、红尾副鳅、中华金沙鳅、犁头鳅、鲈鲤、华鲮等许多适应流水生境的鱼类种类逐渐在库区江段消失，而适应库区静缓流生境的鱼类如红鳍原鲌、达氏鲌、厚颌鲂、花䱻、光唇蛇鮈、鲢、鳙、草鱼、翘嘴鲌等逐渐在库区江段出现。

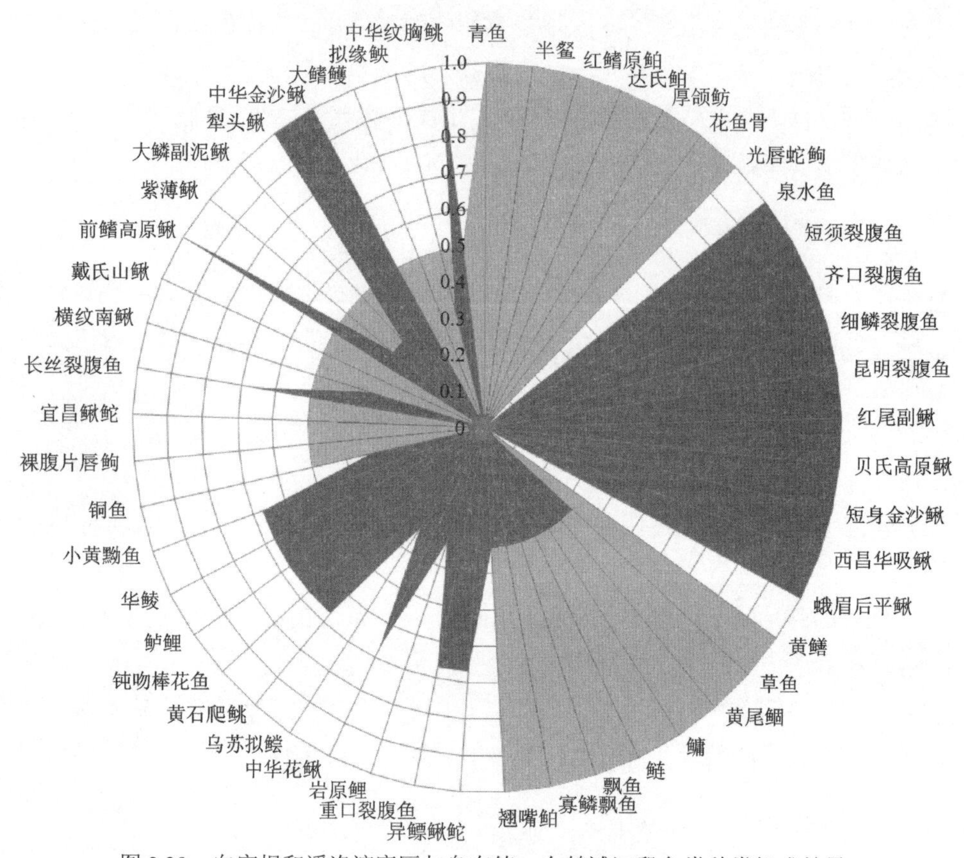

图 2.29　向家坝和溪洛渡库区与乌东德、白鹤滩江段鱼类种类组成差异

2.5　过鱼目标复核

2.5.1　过鱼目的

确定工程过鱼目的、过鱼种类、过鱼季节，是设计集运鱼系统的基础，也是过鱼设施关键部位规格的主要设计依据。乌东德水电站环评阶段提出了初拟的过鱼种类（表 2.7），依据主要鱼类的保护价值，初步拟定每年进行人工过鱼的时间为 3～7 月。本阶段根据鱼类资源及生态习性研究成果在环评阶段提出的过鱼目标的基础上进行复核。

表 2.7 乌东德水电站过鱼对象

	鱼名	长江上游特有鱼类	珍稀鱼类	保护鱼类	经济鱼类
主要过鱼对象	圆口铜鱼	√			√
	长鳍吻鮈	√			√
	长薄鳅	√			√
	中华金沙鳅	√			√
	窑滩间吸鳅	√	√	√	
	鲈鲤	√	√	√	
	岩原鲤	√	√	√	
	中华鮡	√	√	√	
	白缘鉠	√	√		
	短臀白鱼	√		√	
	裸体异鳔鳅鮀	√		√	
	细鳞裂腹鱼	√		√	
	短须裂腹鱼	√	√		
	昆明裂腹鱼	√	√		
	中臀拟鲿	√	√		
	长吻鮠、前臀鮡、西昌华吸鳅、四川裂腹鱼、短须颌须鮈等其他长江上游特有鱼类	√			
兼顾过鱼对象	除长江上游特有鱼类外的所有其他鱼类				

1. 阻隔影响分析

根据乌东德江段鱼类的生态习性，以及乌东德、白鹤滩两座水电站不同运行阶段不同生态类群生境适宜度的变化情况，对乌东德水电站的阻隔影响分析见表 2.8。

表 2.8 乌东德、白鹤滩工程不同运行阶段阻隔影响分析

运行阶段	主要生态类群	主要阻隔影响分析	影响程度
白鹤滩水库蓄水前	喜流性产漂流性卵类群	坝上坝下基本均具有支撑生活史完成的生境条件	阻隔影响不显著
	其他类群	坝上坝下生境适宜度差异不大	
白鹤滩水库蓄水 5 年内	喜流性产漂流性卵类群	白鹤滩水库蓄水后圆口铜鱼类群生境适宜度显著下降，部分鱼类能够维持生存，但繁殖过程难以保证，种群数量大幅降低	阻隔影响显著

续表

运行阶段	主要生态类群	主要阻隔影响分析	影响程度
白鹤滩水库蓄水5年内	喜流性产黏性卵类群	白鹤滩库区能够完成生活史，但生境适宜度下降，种群数量受到一定影响	存在一定影响
	广适性产漂流性卵类群	定居类群种群会有一定发展，乌东德、白鹤滩两库较大，坝上坝下群体遗传分化不显著	影响较小
白鹤滩水库长期运行后	喜流性产漂流性卵类群	圆口铜鱼维持种群难度极大，可能退出本江段的分布	阻隔影响逐渐消失
	喜流性产黏性卵类群	白鹤滩库区能够完成生活史，但生境适宜度下降，种群数量受到一定影响	存在一定影响
	广适性产漂流性卵类群	长期运行后，坝上坝下群体可能呈现一定程度上的遗传分化	影响较小

2. 过鱼目的分析

针对不同阻隔影响，过鱼设施的作用有所不同，通常包含以下三种。

1）保证生活史完成

对于生活史过程中需要进行较长距离的洄游和迁移才能寻找到合适的生境完成其繁殖等重要生活史过程的鱼类，如鲑鳟鱼类及以圆口铜鱼为代表的喜流性产漂流性卵类群等，阻隔意味着其难以完成生活史，种群的生存和繁衍受到极大的影响。针对这种鱼类，过鱼目的是保障其洄游通道畅通，保护其生活史的完整性。

2）改善生境适宜度

对于在一定范围内可以完成生活史，但对生境条件有特殊需求的鱼类，如以部分裂腹鱼为代表的喜流性产黏性卵类群。大坝阻隔后，坝上坝下生境适宜度发生一定变化，此时鱼类转移至生境适宜度较高的水域，有利于其生存和繁衍。针对这类鱼类，过鱼目的是改善其生境适宜度。

3）促进种群交流

针对非洄游鱼类，如一些广适性鱼类，其生活史过程中不需要进行大范围的迁移和洄游，但会与不同斑块之间的鱼类进行交流繁殖，这样的交流丰富了各斑块之间的基因库，对于种群稳定发展非常重要。针对这种鱼类，过鱼目的是促进坝上坝下之间的鱼类种群交流。

根据乌东德、白鹤滩工程不同运行阶段阻隔影响分析，对不同阶段的过鱼目的进行了分析，见表2.9。

表 2.9 乌东德、白鹤滩工程不同运行阶段过鱼目的分析

<table>
<tr><th>运行阶段</th><th colspan="2">过鱼目的</th><th>目标类群</th></tr>
<tr><td>白鹤滩水库蓄水前</td><td>抢救型</td><td>将白鹤滩水库蓄水后生境适宜度大幅下降，生活史会受到影响的鱼类转移至能够支撑其生活史完成的水域</td><td rowspan="2">喜流性产漂流性卵类群</td></tr>
<tr><td rowspan="2">白鹤滩水库蓄水 5 年内</td><td>补救型</td><td>将白鹤滩库区残留的生境适宜度大幅下降的鱼类转移至乌东德库尾</td></tr>
<tr><td>改善型</td><td>乌东德坝上生境适宜度高于坝下的类群</td><td rowspan="2">喜流性产黏性卵类群</td></tr>
<tr><td rowspan="2">白鹤滩水库长期运行后</td><td>改善型</td><td>乌东德坝上生境适宜度高于坝下的类群</td></tr>
<tr><td>沟通型</td><td>促进坝上坝下不同群体之间的交流</td><td>所有类群</td></tr>
</table>

3. 下行需求分析

由于在鱼类的繁殖季节乌东德库尾子石坝至攀枝花 47 km 江段基本呈天然河流状态，此河段目前是圆口铜鱼等重要鱼类的产卵场，适宜较多鱼类栖息繁殖，且雅砻江汇口处生境多样性丰富，所以该河段及雅砻江汇口对于多数鱼类生境适宜度较好。

白鹤滩水库蓄水后，乌东德坝下（白鹤滩库区）生境与蓄水前发生较大变化，对于喜流性产漂流性卵类群其生境适宜度下降，甚至会对其生活史的完成产生影响。因此，对于喜流性产黏性卵类群、广适性产黏性卵类群等，总体上乌东德库区生境适宜度比白鹤滩成库后库区生境适宜度高。

根据以上分析，根据乌东德和白鹤滩工程运行方式及生境特点，乌东德坝上鱼类下行对其生存及种群繁衍没有特别的益处，主要为不同群体之间的交流需要。

2.5.2 过鱼种类

1. 过鱼优先级体系

本阶段拟在鱼类资源及生态习性分析的基础上，选取洄游习性、产卵场江段重要性、库区及上游生境适宜度、特有性、保护优先性、经济价值和资源量现状 7 个指标组成鱼类过坝需求的复合评价指标体系，从而评估乌东德江段及其附近江段 79 种鱼类的过坝需求，并最终确定过鱼目标鱼类的种类组成。

（1）洄游习性决定了鱼类过坝的需求。相较定居性鱼类和短距离迁徙鱼类，洄游鱼类具有更高的过坝需求，因为其必须从非产卵场江段长途迁徙到产卵场江段。

（2）产卵场江段重要性指的是乌东德江段对于该江段内分布鱼类作为产卵场的重要意义。对于某种鱼类而言，如果乌东德江段为这种鱼类在长江流域内独有或主要的产卵场分布区域，那么乌东德江段就为这种鱼类的关键产卵场江段，如圆口铜鱼、长鳍吻鮈等；如果某种鱼类在乌东德江段有产卵场，但是其产卵场主要分布在长江流域的其他江段，则乌东德江段为这种鱼类一般性的产卵场，如长薄鳅、蛇鮈、中华沙鳅等；如果某

种鱼类在乌东德江段没有产卵场，则表明乌东德江段为这种鱼类的非产卵场江段，如圆筒吻鮈、紫薄鳅、翘嘴鲌、鲢、鳙等。

（3）库区及上游生境适宜度反映成库以后，鱼类在库区及上游江段的生境适宜度变化情况。该指标的分类依赖于2.4.2小节4大生态类群的生境适宜度变化分析，其中广适性的产黏沉性卵鱼类的生境适宜度明显上升，广适性的产漂流性卵鱼类的生境适宜度有所上升，而喜流性的产黏沉性卵鱼类和产漂流性卵鱼类的生境适宜度下降或显著下降。

（4）特有性反映鱼类的地理分布特征，本书中特有性主要指某种鱼类是否为长江上游特有鱼类。长江上游特有鱼类是适应长江上游独特生境的鱼类种类，多为适应流水生境的种类，其生存对长江上游生物多样性的保护具有重要的意义，因此其也应作为过鱼目标鱼类筛选的重要指标之一。

（5）保护优先性根据不同鱼类的濒危等级确定，濒危及以上等级鱼类具有较高的保护优先性，易危和近危等级鱼类具有中等的保护优先性，而无危等级鱼类具有低的保护优先性。

（6）经济价值是决策者通常所要考虑的问题。我们根据不同鱼类在渔获物中的重量百分比确定。重量百分比大于1%的鱼类为主要经济鱼类，重量百分比处于0.01%～1%的鱼类为次要经济鱼类，重量百分比小于0.01%的鱼类为低经济价值鱼类。

（7）资源量现状是一个反映物种现存种群大小的参数。资源量现状的估计值是基于2014～2017年在乌东德江段的渔获物调查结果计算得来。相对优势度大于1%的鱼类种类为优势种类，相对优势度小于1%的鱼类种类为非优势种类。2014～2017年未在乌东德调查江段采集的种类为历史调查种。

本节拟采用的鱼类过坝需求的复合评价体系见表2.10。评价体系的得分计算公式为

$$P=(N+E)\times V\times A \tag{2.1}$$

式中：P为鱼类的过鱼需求得分；N为过鱼需求；E为过鱼有效性；V为鱼类价值；A为鱼类资源量。

表2.10　过鱼优先级排序依据表

过坝需求	指标	赋分			
		2	1	0	否决
过鱼需求	洄游习性	洄游鱼类	短距离迁移	定居鱼类	
	产卵场江段重要性	关键产卵江段	一般产卵场江段	非产卵场江段	
过鱼有效性	库区及上游生境适宜度	明显上升	上升	不变	下降
保护价值	特有性	长江上游特有鱼类		否	
	保护优先性	高	中等	低	
	经济价值	主要经济鱼类	次要经济价值	低经济价值	
资源量	资源量现状	优势种	非优势种	历史调查种	

2. 过鱼对象

对所有指标进行赋分，得到 79 种鱼类的过坝需求得分。其中 31 种鱼类的得分为 0，表示这 31 种鱼类的过坝需求很低，可以不予考虑其过坝需求。剩下的 48 种鱼类的过坝需求得分如表 2.11 所示。从表中可知，圆口铜鱼和长鳍吻鮈具有最高的过坝需求。其次为中华金沙鳅、齐口裂腹鱼、长丝裂腹鱼、细鳞裂腹鱼、昆明裂腹鱼、长薄鳅、鲈鲤、短须裂腹鱼，再其次为其他 38 种鱼类。

表 2.11　乌东德水电站过鱼优先级排序

种类	洄游习性	产卵场江段重要性	生境适宜度	特有性	保护优先性	经济价值	资源量	得分
圆口铜鱼	2	2	0	2	2	2	2	48
长鳍吻鮈	2	2	0	2	2	2	2	48
中华金沙鳅	2	1	0	2	0	2	2	24
齐口裂腹鱼	1	1	0	2	1	2	2	20
长丝裂腹鱼	1	1	0	2	2	2	1	12
细鳞裂腹鱼	1	1	0	2	2	2	1	12
昆明裂腹鱼	1	1	0	2	2	2	1	12
长薄鳅	2	1	0	2	1	1	1	12
鲈鲤	1	1	0	2	2	1	1	10
短须裂腹鱼	1	1	0	2	2	1	1	10
华鲮	1	1	0	2	2	0	1	9
短身金沙鳅	2	1	0	2	0	1	1	9
白缘鉠	1	1	0	0	0	2	2	8
中华纹胸鮡	1	1	0	0	0	2	2	8
黄石爬鮡	1	1	0	2	2	0	1	8
裸体异鳔鳅鮀	1	1	0	2	0	1	1	6
鲢	2	0	1	0	0	2	1	6
圆筒吻鮈	2	0	0	2	0	1	1	6
鲤	0	1	2	0	0	2	1	6
鲫	0	1	2	0	0	2	1	6

续表

种类	洄游习性	产卵场江段重要性	生境适宜度	特有性	保护优先性	经济价值	资源量	得分
异鳔鳅鮀	1	1	0	2	0	1	1	6
前鳍高原鳅	0	2	0	2	0	1	1	6
峨嵋后平鳅	1	1	0	2	1	0	1	6
重口裂腹鱼	1	1	0	0	2	1	1	6
中华沙鳅	2	1	0	0	1	1	1	6
铜鱼	2	1	0	0	1	1	1	6
岩原鲤	1	0	0	2	1	1	1	4
墨头鱼	1	1	0	0	0	2	1	4
凹尾拟鲿	1	1	0	0	0	2	1	4
细体拟鲿	1	1	0	0	0	2	1	4
拟缘鉠	1	1	0	2	0	0	1	4
钝吻棒花鱼	1	1	0	2	0	0	1	4
西昌华吸鳅	1	1	0	2	0	0	1	4
四川华吸鳅	1	1	0	2	0	0	1	4
鲇	0	1	2	0	0	1	1	3
瓦氏黄颡鱼	0	1	2	0	0	1	1	3
泥鳅	0	1	2	0	0	1	1	3
蛇鮈	1	1	1	0	0	1	1	3
犁头鳅	2	1	0	0	0	1	1	3
短体副鳅	0	1	0	2	0	1	1	3
张氏䱗	0	0	1	2	0	0	1	2
宽鳍鱲	1	1	0	0	0	1	1	2
粗唇鮠	1	1	0	0	0	1	1	2
切尾拟鲿	1	1	0	0	0	1	1	2
泉水鱼	1	1	0	0	0	1	1	2
紫薄鳅	2	0	0	0	1	0	1	2
红尾副鳅	0	1	0	0	0	1	1	1
细尾高原鳅	0	1	0	0	0	1	1	1

为了方便识别不同鱼类的过鱼需求等级，设定了两个假想物种（MAX 和 MIN）作为参照：MAX 即代表过鱼需求等级最高的物种，其各项参数均取得最大值；相反，MIN 为假设的过鱼需求等级最低物种，各项参数均赋予最小值。运用 Premiere 6.0，得出 50 个物种（包括 MAX 和 MIN）的欧氏距离矩阵，并构建不同鱼类种类的过鱼需求等级聚类分析图，并以 MAX 和 MIN 作为外类群。然后，采用非度量多维测度法进行分析。

结果显示：圆口铜鱼和长鳍吻鮈聚为一类，为过坝需求最高的鱼类种类，可以认定为主要过鱼对象。细鳞裂腹鱼、齐口裂腹鱼、长丝裂腹鱼、短须裂腹鱼、长薄鳅、昆明裂腹鱼、鲈鲤和中华金沙鳅聚为一类，为过坝需求较高的鱼类种类，可以认定为次要过鱼对象，其他 38 种鱼类的过鱼需求得分均较低，可作为兼顾过鱼对象考虑。乌东德水电站过鱼对象及过鱼优先级见表 2.12。

表 2.12　乌东德水电站过鱼对象及过鱼优先级

过鱼优先级	种类
主要过鱼对象	圆口铜鱼、长期吻鮈
次要过鱼对象	细鳞裂腹鱼、齐口裂腹鱼、短须裂腹鱼、长薄鳅、长丝裂腹鱼、昆明裂腹鱼、鲈鲤、中华金沙鳅
兼顾过鱼对象	华鲮、短身金沙鳅、白缘鉠、中华纹胸鮡、黄石爬鮡、裸体异鳔鳅鮀、鲢、圆筒吻鮈、鲤、鲫、异鳔鳅鮀、前鳍高原鳅、峨嵋后平鳅、重口裂腹鱼、中华沙鳅、铜鱼、岩原鲤、墨头鱼、凹尾拟鲿、细体拟鲿、拟缘鉠、钝吻棒花鱼、西昌华吸鳅、四川华吸鳅、鲇、瓦氏黄颡鱼、泥鳅、蛇鮈、犁头鳅、短体副鳅、张氏䱗、宽鳍鱲、粗唇鮠、切尾拟鲿、泉水鱼、紫薄鳅、红尾副鳅、细尾高原鳅

2.5.3　过鱼季节

乌东德水电站过鱼的根本目的在于保持河流连通性，促进鱼类自然繁殖活动在坝上及坝下间的交流。因此过鱼的季节应为主要过鱼对象及兼顾过鱼对象的繁殖季节。

乌东德水电站主要及次要过鱼对象的繁殖时间如表 2.13 所示。主要过鱼种类圆口铜鱼和长鳍吻鮈的繁殖期为 4～7 月，8 种次要过鱼种类的主要繁殖期在 3～7 月，少量裂腹鱼可能在 2 月有繁殖行为，而其他 38 种兼顾过鱼种类的主要繁殖季节在 2～9 月。

表 2.13　乌东德水电站过鱼季节分析表

优先级	种类	月份											
		1	2	3	4	5	6	7	8	9	10	11	12
主要	圆口铜鱼				▲	▲	▲	▲					
	长鳍吻鮈				▲	▲	▲	▲					

续表

优先级	种类	月份											
		1	2	3	4	5	6	7	8	9	10	11	12
次要	中华金沙鳅					●	●	●					
	齐口裂腹鱼		●	●	●	●	●						
	长丝裂腹鱼		●	●	●								
	细鳞裂腹鱼			●	●								
	昆明裂腹鱼			●	●								
	长薄鳅					●	●	●					
	鲈鲤			●	●	●							
	短须裂腹鱼		●	●									
兼顾	其他 38 种鱼类		□	□	□	□	□	□	□	□			
过鱼季节			◇	◇	◇	◇	◇	◇	◇	◇			

注：▲为主要过鱼对象的繁殖季节；●次要过鱼对象繁殖季节；□兼顾过鱼对象的繁殖季节；◇乌东德水电站的过鱼季节

经综合考虑，本阶段提出乌东德水电站的主要过鱼季节为 4～7 月，3 月为次要过鱼季节，2 月、8 月和 9 月为兼顾过鱼季节，实际运行阶段可根据鱼类的繁殖行为做相应调整。

扫一扫见本章彩图

第3章　坝下鱼类时空分布及洄游路线

3.1　引　　言

坝下鱼类分布与坝下河道地形，各工况下坝下流速分布及鱼类的习性息息相关，因此本书针对坝下流场及水力学开展研究，并实地对坝下鱼类时空分布开展调查，结合类似工程的坝下鱼类分布，对乌东德水电站建成运行后坝下鱼类分布及洄游路线进行预测，指导集鱼系统的选址。

3.2　坝下流场及水力学研究

3.2.1　研究方法

1. 模型概况

委托长江水利委员会长江科学院开展水力学模型试验研究，模型依据重力相似准则设计比例尺为 1∶100 正态模型（图 3.1），地形采用等高线法制作，水泥砂浆抹面；电站尾水管、泄洪洞消力池采用有机玻璃制作。

图 3.1　乌东德枢纽水工整体模型

研究内容包括枢纽不同运用时段，不同工况条件下，尾水渠、尾水洞口、坝下河道等关键位置的流速、流场、流态、紊动等水力学条件。

模型流量采用量水堰量测，下游水位采用水位测针量测，流速采用旋桨流速仪量测，流态利用摄像机记录，模型制作与安装精度符合《水工（常规）模型试验规程》（SL 155—2012）的要求，模型试验采用的测量仪器均经检定合格并在有效期内。

2. 研究工况

物理模型试验共分为 3 个工况（工况 9，工况 10 和工况 14），主要研究电站出口的流态及重点部位的流速，为数学模型提供验证资料。数学模型共模拟 14 个工况，见表 3.1，主要研究各机组组合工况下电站下游的流场，评估鱼类洄游的可能性。

表 3.1　水力学研究工况表

工况	流量/（m^3/s）	机组数	左岸	右岸	备注
1	1 160	2	3#+4#		数学模型工况
2			3#+5#		数学模型工况
3				7#+8#	数学模型工况
4				9#+11#	数学模型工况
5	2 073.3	3	1#+3#+5#		数学模型工况
6				7#+9#+11#	数学模型工况
7			1#+2#+3#		数学模型工况
8				9#+10#+11#	数学模型工况
9	4 146.6	6	1#～6#		物理模型工况
10				7#～12#	物理模型工况
11			1#+3#+5#	7#+9#+11#	数学模型工况
12	6 219.9	9	1#+3#+4#+5#	7#+8#+9#+10#+11#	数学模型工况
13			1#+2#+3#+4#+5#	9#+10#+11#+12#	数学模型工况
14	8 293.2	12	1#～6#	7#～12#	物理模型工况

3. 数值模拟试验

采用三维κ-ε 紊流数学模型，利用控制体积法对方程组进行离散，采用 SIMPLER（SIMPLE revisde）算法对流速和压力进行耦合。

1）控制方程

采用三维κ-ε 紊流数学模型模拟电厂排水系统的水流流场，模型所用的控制方程为连续方程：

$$\frac{\partial \rho u_i}{\partial x_i}=0 \tag{3.1}$$

动量方程：

$$\frac{\partial(\rho u_i)}{\partial t}+\frac{\partial}{\partial x_j}(\rho u_i u_j)=f_i-\frac{\partial p}{\partial x_i}+\frac{\partial}{\partial x_j}\left[(\nu+\nu_t)\left(\frac{\partial u_i}{\partial x_j}+\frac{\partial u_j}{\partial x_i}\right)\right] \tag{3.2}$$

κ方程：

$$\frac{\partial(\rho\kappa)}{\partial t}+\frac{\partial(\rho u_j\kappa)}{\partial x_i}=\frac{\partial}{\partial x_i}\left[\left(\nu+\frac{\nu_t}{\sigma_\kappa}\right)\frac{\partial\kappa}{\partial x_i}\right]+C_\kappa-\rho\varepsilon \tag{3.3}$$

ε 方程：

$$\frac{\partial(\rho\varepsilon)}{\partial t}+\frac{\partial(\rho u_j\varepsilon)}{\partial x_i}=\frac{\partial}{\partial x_i}\left[\left(\nu+\frac{\nu_t}{\sigma_\varepsilon}\right)\frac{\partial\varepsilon}{\partial x_i}\right]+C_{1\varepsilon}\frac{\varepsilon}{\kappa}C_\kappa-C_{2\varepsilon}\rho\frac{\varepsilon^2}{\kappa} \tag{3.4}$$

式中：t 为时间；u_i、u_j、x_i、x_j 分别为速度分量与坐标分量；ν、ν_t 分别为运动黏性系数、紊动黏性系数，$\nu_t=C_u\kappa^2/\varepsilon$；$\rho$ 为修正压力；f_i 为质量力；κ 为紊动动能；C_κ 为平均速度梯度产生的紊动能项，$C_\kappa=\nu_t\left[\left(\frac{\partial u_i}{\partial x_j}+\frac{\partial u_j}{\partial x_i}\right)\frac{\partial u_i}{\partial x_j}\right]$；经验常数 $C_u=0.09$，$\sigma_\kappa=1.0$，$\sigma_\varepsilon=1.33$，$C_{1\varepsilon}=1.44$，$C_{2\varepsilon}=1.42$。

水气两相的模拟采用了流体体积（volume of fluid，VOF）模型。

令函数 $\alpha_w(x,y,z,t)$ 与 $\alpha_a(x,y,z,t)$ 分别代表控制体积内水、气所占的体积分数。在每个单元中，水、气体积分数之和为 1，即：

$$\alpha_w+\alpha_a=1 \tag{3.5}$$

对于单个控制体积，存在三种情况：$\alpha_w=1$ 表示该单元完全被水充满；$\alpha_w=0$ 表示该单元完全被气充满；$0<\alpha_w<1$ 表示该单元部分为水，部分为气，并且存在水、气交接面。显然，自由面问题为第三种情况。水的体积分数 α_w 的梯度可以用来确定自由面的法线方向。计算出各单元的 α_w 值及梯度之后，就可以确定各单元中自由边界的近似位置。

水的体积分数 α_w 的控制方程为

$$\frac{\partial\alpha_w}{\partial t}+u_i\frac{\partial\alpha_w}{\partial x_i}=0 \tag{3.6}$$

式中参变量含义同上，水、气界面的跟踪通过求解该连续方程完成。

将控制方程写为通用格式：

$$\frac{\partial(\rho\Phi)}{\partial t}+\nabla\cdot(\rho U\Phi)=\nabla\cdot(\Gamma_\Phi\nabla\Phi)+S_\Phi \tag{3.7}$$

式中：Φ 为通用变量，如速度 u_i、紊动动能 κ、耗散动能 ε；U 为速度矢量；Γ_Φ 为通用变量 Φ 的扩散系数；ρ 为修正压力；S_Φ 为方程源项。

令 $F(\Phi)=\rho U\Phi-\Gamma_\Phi\nabla\Phi$，对方程（3.7）在单元控制体（$\Delta V$）上进行积分，利用高斯定理将体积分化为单元面（$A$）积分，得

$$\frac{\partial}{\partial t}\int_{\Delta V}\rho\Phi \mathrm{d}V=\oint_{A}F(\Phi)\cdot \boldsymbol{n}\mathrm{d}A+\int_{\Delta V}S_{\Phi}\mathrm{d}V \tag{3.8}$$

式中：$\boldsymbol{n}$ 为单元面外法向矢量。

对通用变量在控制体上取平均，则方程（3.8）变为

$$\frac{\Delta\Phi}{\Delta t}=-\frac{1}{\Delta V}\sum_{j=1}^{m}F_j(\Phi)A_j+\overline{S}_{\Phi} \tag{3.9}$$

式中：m 为单元控制体的单元面总数；A_j 为单元面 j 的面积；$\overline{S}_{\Phi}$ 为单元控制体的源项平均值；$F_j(\Phi)A_j$ 为单元面的法向通量，包括对流通量与扩散通量。

2）模拟范围

沿水流方向，二道坝下游至金坪子间的整个河道，含左右岸电站尾水，泄洪洞消力池等，x 方向长度 1 200 m，y 方向长度 600 m，垂向长度 65 m。

3）网格划分

网格为正方体网格，大小为 2.5 m，网格总数约为 300 万。计算区域固壁网格（图 3.2）。

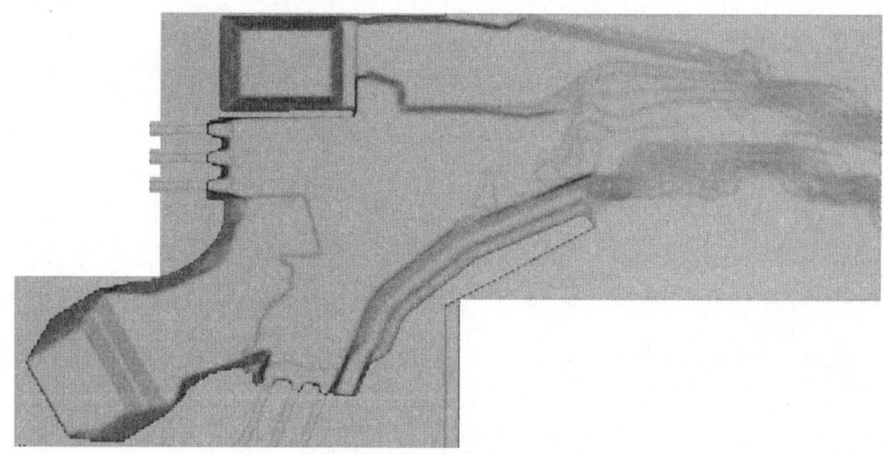

图 3.2　计算区域网格图

4）边界条件

电站出口：机组出口均为质量入口边界，根据工况不同设定，机组发电时单机流量 691.1 m^3/s，机组不发电时，流量为零。

固壁边界：在固壁边界上给定无滑移边界条件。

下游水位边界：为压力出口边界，根据金坪子水尺设置水位。

空气上表面：压力进口边界，设为恒定大气压值。

5）计算工况

计算工况见表 3.1。

4. 现场实测

2018 年 2 月，利用 Hawk Soft 大范围表面流场测试仪对导流阶段乌东德水电站坝下尾水区、尾水洞口等重点区域的流速、流场进行实地测量（图 3.3）。

图 3.3　乌东德坝下 Hawk Soft 大范围表面流场现场测试情况

测量地点为右岸，测量范围为坝下约 3.5 km，测量工况下泄流量约 1 400 m^3/s，电站尾水位约 816.0 m。

3.2.2　研究结果

1. 物理模型研究

1）下游断面流速

物理模型研究选择了 3 组典型工况，①左岸 1#～6#机组发电（4 146.6 m^3/s）；②右岸 7#～12#机组发电（4 146.6 m^3/s）；③12 台机组满发（8 293.2 m^3/s），对其下游断面流速进行研究，流速分布见图 3.4～图 3.6。

可见左岸 6 台机组发电条件下，左岸电站护坦断面流速 1.5～2.3 m/s，下游河道收窄处最大流速约 3.6 m/s；右岸 6 台机组发电条件下，护坦断面流速约 1.6～2.0 m/s，下游河道收窄处最大流速约 3.8 m/s；12 台机组满发工况下，左右岸护坦处流速为 1.1～2.0 m/s，左右岸尾水汇流区道流速在 2 m/s 左右，至下游收窄后河道处流速增大至 4 m/s 以上。

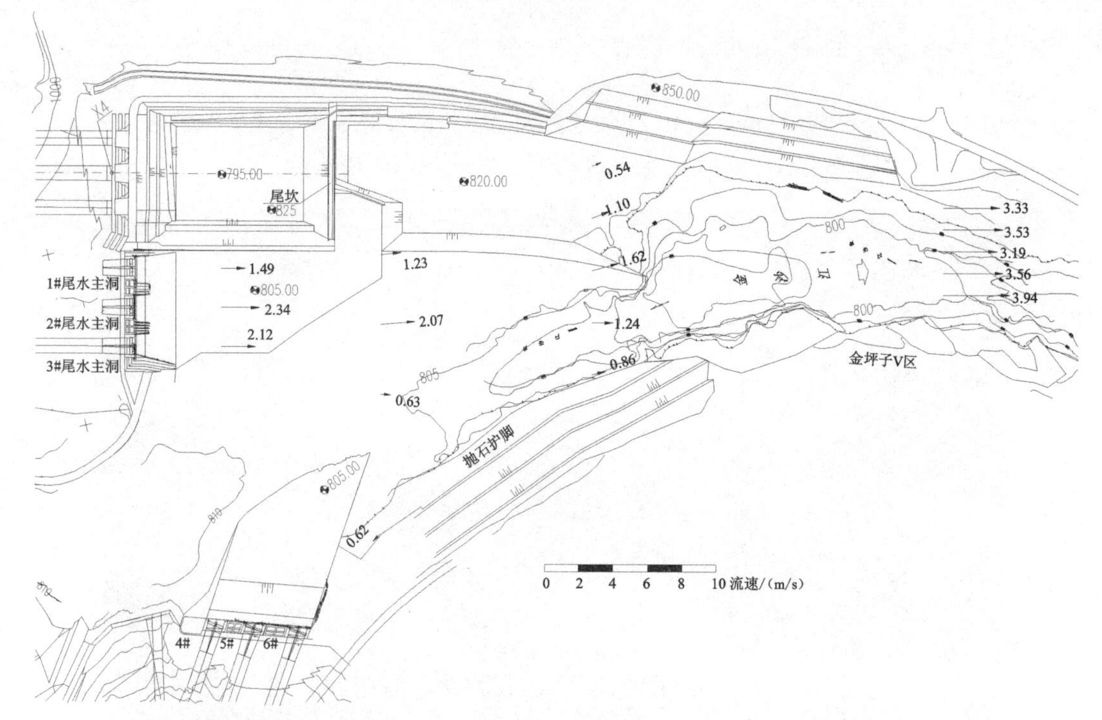

图 3.4　坝下流速分布图（左岸 1#～6#机组发电，4 146.6 m^3/s）（流速：m/s；高程：m）

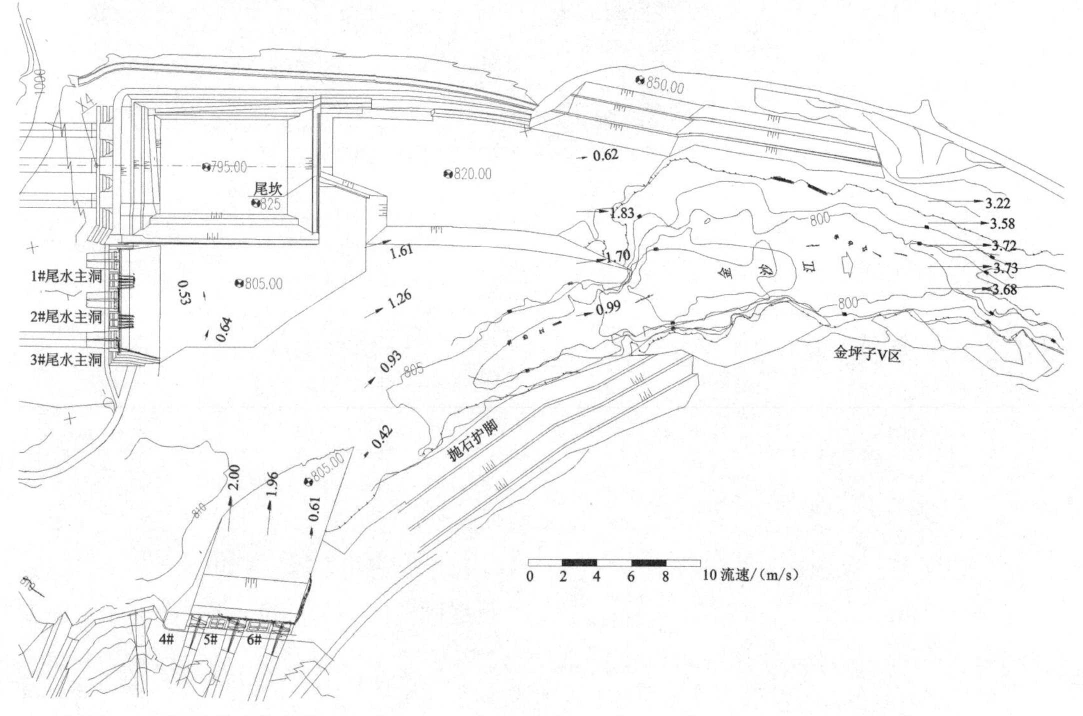

图 3.5　坝下流速分布图（右岸 7#～12#机组发电，4 146.6 m^3/s）（流速：m/s；高程：m）

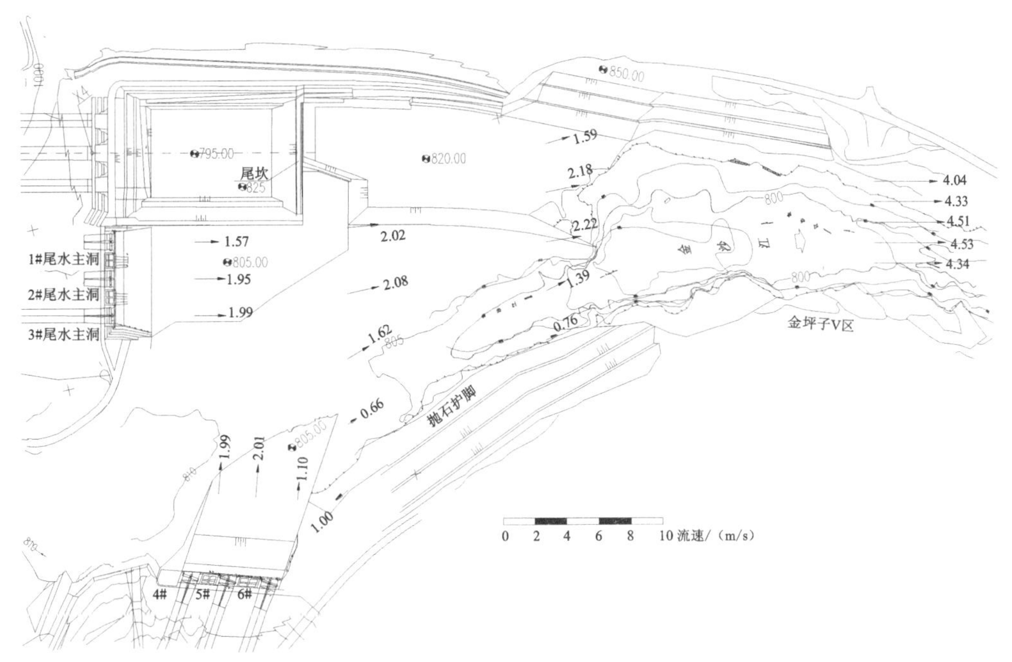

图 3.6　坝下流速分布图（12 台机组满发，8 293.2 m^3/s）（流速：m/s；高程：m）

2）坝下流态

3 种工况下左岸及右岸电站尾水的流态见图 3.7～图 3.10，可见机组发电时电站下游各呈三股射流流态，水流相对平稳，无大的波动出现。但随着河道宽度的收窄，至金坪子附近时水面坡度加大，如图 3.11 和图 3.12 所示。

图 3.7　左岸电站下游流态

1#～6#机组发电，4 146.6 m^3/s

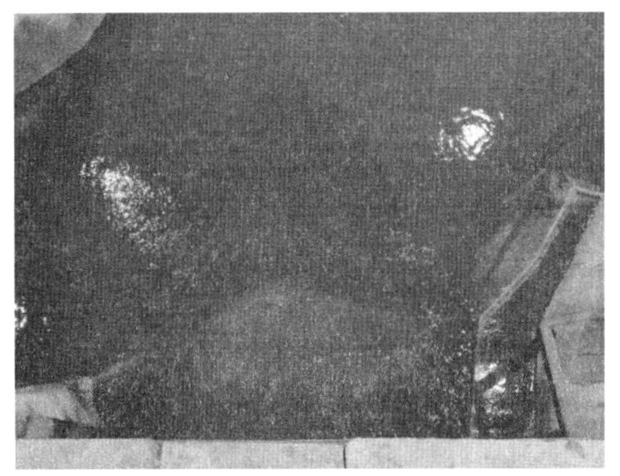

图 3.8　右岸电站下游流态

7#～12#机组发电，4 146.6 m^3/s

图 3.9　左岸电站下游流态

12 台机组满发，8 293.2 m³/s

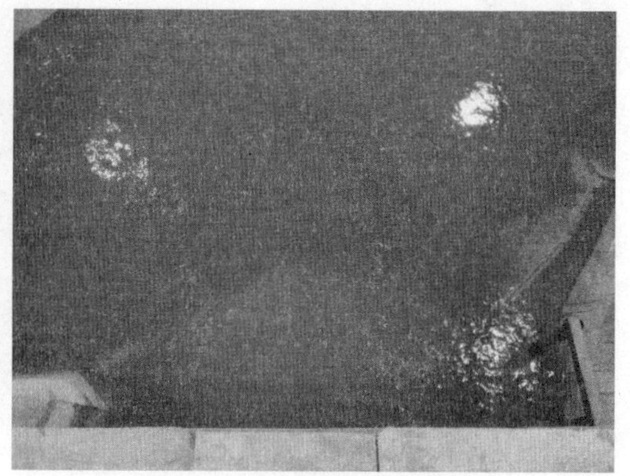

图 3.10　右岸电站下游流态

12 台机组满发，8 293.2 m³/s

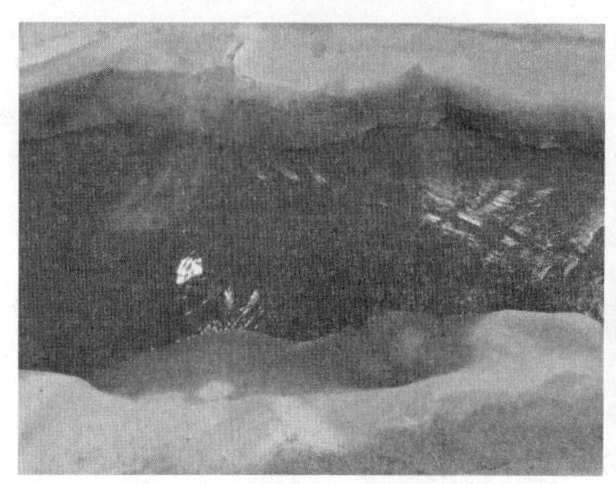

图 3.11　金坪子附近河道流态

6 台机组满发，4 146.6 m³/s

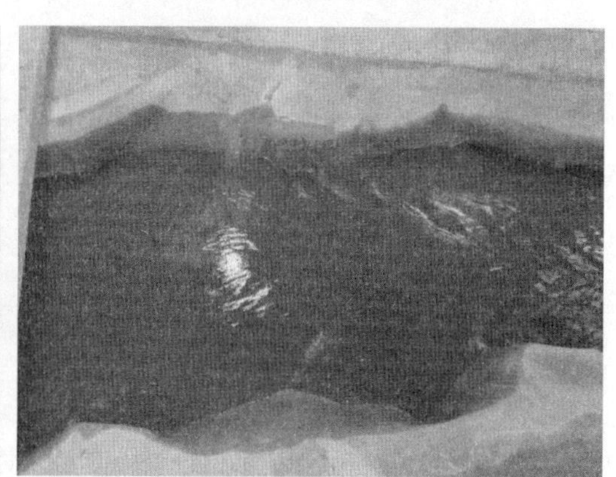

图 3.12　金坪子附近河道流态

12 台机组满发，8 293.2 m³/s

2. 数学模型研究

工况 1：左岸 3#和 4#机组发电（2 机 1 洞，1 160 m³/s）。该工况尾水渠的水深在 11 m 左右，而左右岸电站间的 810 m 平台水深在 6 m 左右。图 3.13 为该工况下流速分布图。由于该工况下尾水洞出口流速较大，达 6 m/s 以上。流速分布上，水流出尾水洞后向左发生折冲，沿左侧泄洪洞消力池隔墙向下游流动，近底流速在 4 m/s 左右。受地形影响，右岸电站下游出现大范围回流。水流进入下游天然河道后，主流方向先向右岸偏转，而后向左岸偏转，最大流速在 3 m/s 左右。

工况 2：左岸 3#和 5#机组发电（2 机 2 洞，1 160 m³/s）。该工况尾水渠的水深在 11 m 左右，而左右岸电站间的 810 m 平台水深在 6 m 左右。图 3.14 为该工况下流速分布图。该工况下，尾水洞下游呈两股平行射流型流速分布，洞口处流速最大，在 3 m/s 左右，至下游天然河道后流速降至 1.5 m/s 左右，而右岸电站下游则近似为静水区。

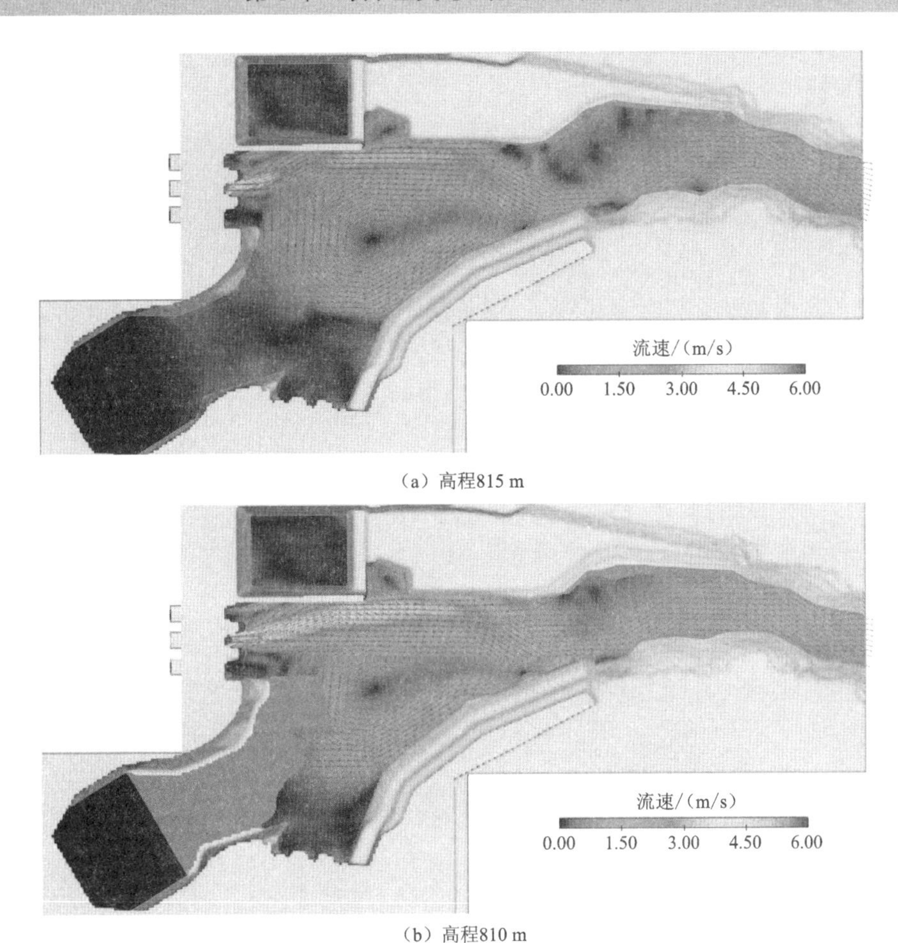

（a）高程815 m

（b）高程810 m

图 3.13　电站下游流速分布图（工况 1，左岸 3#和 4#机组发电）

工况 3：右岸 7#和 8#机组发电（2 机 1 洞，1 160 m^3/s）。该工况尾水渠的水深在 11 m 左右，而左右岸电站间的 810 m 平台水深在 6 m 左右。图 3.15 为该工况下流速分布图。该工况下尾水洞出口流速较大，达 6 m/s 以上。流速分布上，水流出尾水洞后向右发生折冲，沿左侧 805 m 平台边缘向下游流动，近底流速在 4 m/s 左右。受地形影响，左岸电站下游出现大范围回流。水流进入下游天然河道后，主流最大流速在 3 m/s 左右。

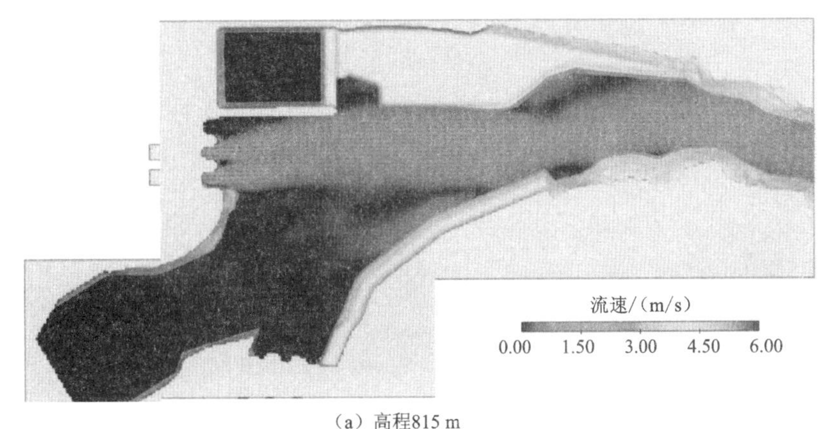

（a）高程815 m

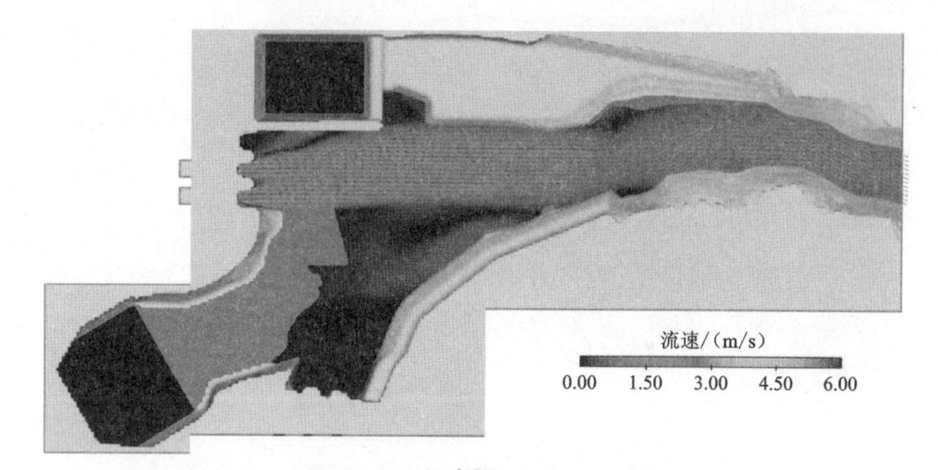

（b）高程810 m

图 3.14　电站下游流速分布图（工况 2，左岸 3#和 5#机组发电）

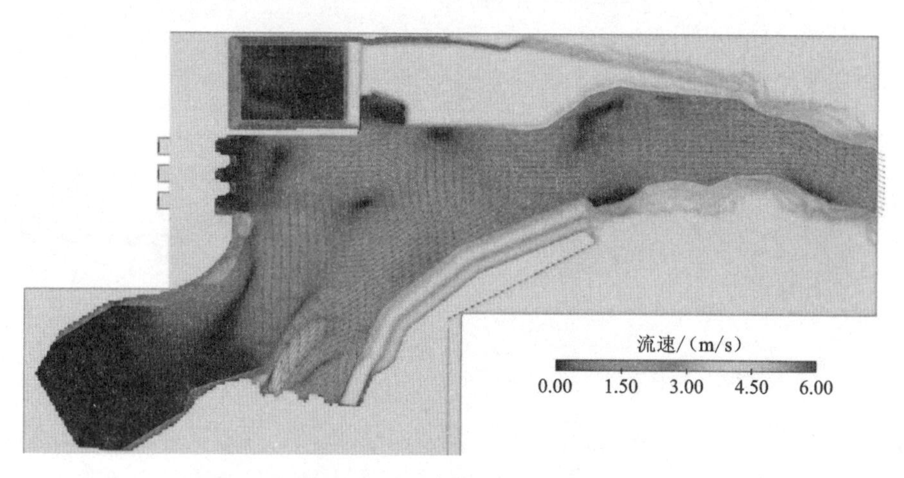

（a）高程815 m

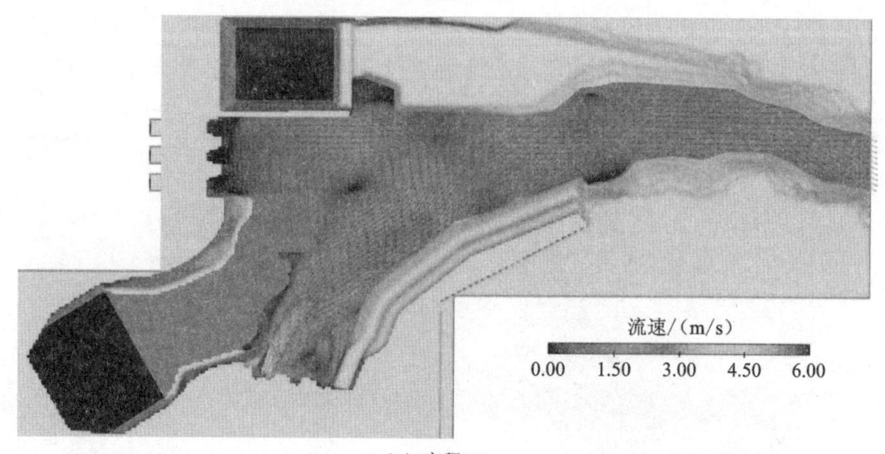

（b）高程810 m

图 3.15　电站下游流速分布图（工况 3，右岸 7#和 8#机组发电）

工况 4：右岸 9#和 11#机组发电（2 机 2 洞，1 160 m^3/s）。该工况尾水渠的水深在 11 m 左右，而左右岸电站间的 810 m 平台水深在 6 m 左右。图 3.16 为该工况下流速分布图。该工况下，尾水洞下游呈两股射流型流速分布，洞口处流速最大，在 3 m/s 左右，受地形影响，流向向右侧偏转，至下游天然河道后流速降至 1.5 m/s 左右，而左岸电站下游则近似为静水区。

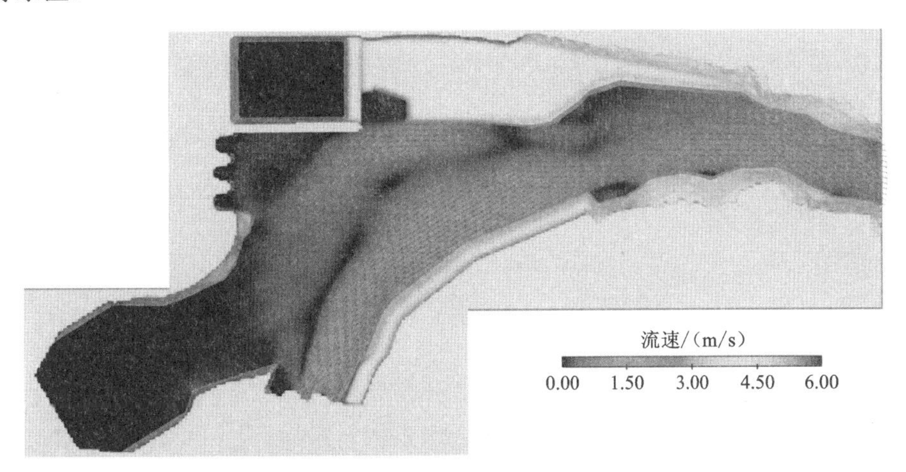

（a）高程815 m

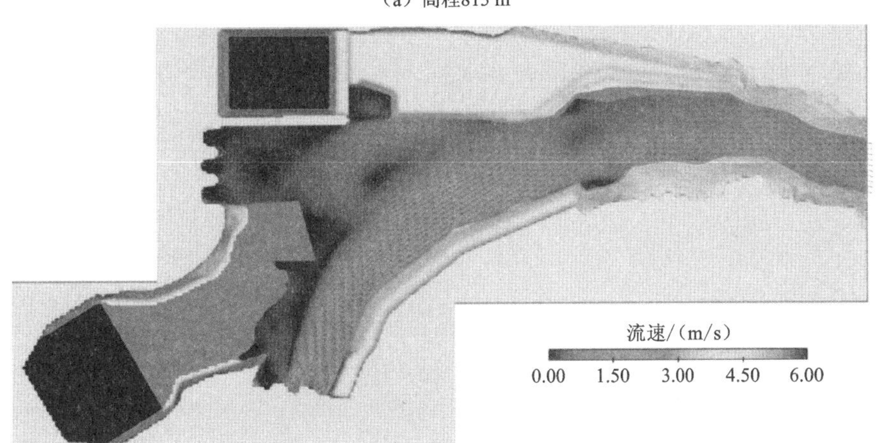

（b）高程810 m

图 3.16　电站下游流速分布图（工况 4，右岸 9#和 11#机组发电）

工况 5：左岸 1#、3#、5#机组发电（3 机 3 洞，2 073.3 m^3/s）。该工况尾水渠的水深在 13 m 左右，而左右岸电站间的 810 m 平台水深在 8 m 左右。图 3.17 所示为该工况电站下游的流速分布图。左岸呈三股射流流态，出口流速在 2.5 m/s 左右，水流冲抵下游右侧河岸后沿金坪子弯道向下流动，右岸电站下游为大范围回流区，流速在 0.5 m/s 以下。因实际过流断面差异较小，河道收窄对流速的影响较小，最大流速在 3.0 m/s 左右。

工况 6：右岸 7#、9#、11#机组发电（3 机 3 洞，2 073.3 m^3/s）。该工况尾水渠的水深在 13 m 左右，而左右岸电站间的 810 m 平台水深在 8 m 左右。图 3.18 所示为 7#，9#和 11#机组发电时电站下游的流速分布图。右岸呈三股射流流态，出口流速在 2.5 m/s 左右。水流

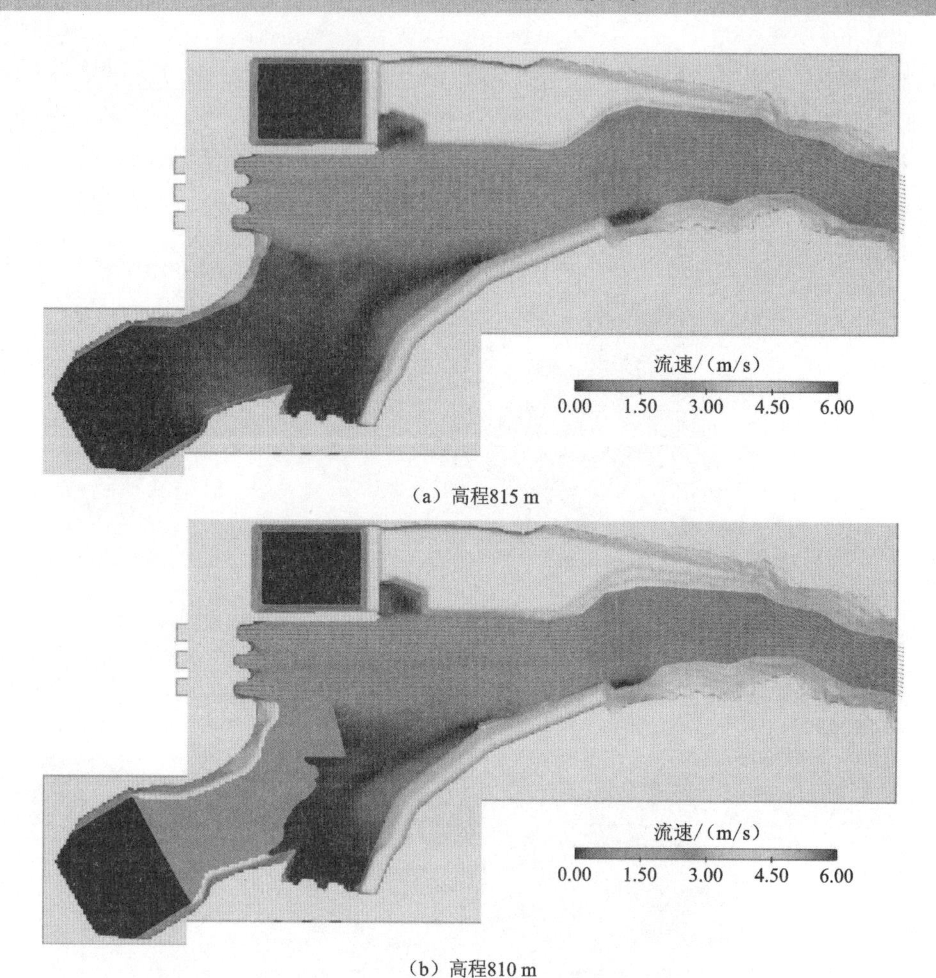

(a) 高程815 m

(b) 高程810 m

图 3.17　电站下游流速分布图（工况 5，左岸 1#，3#和 5#机组发电）

沿金坪子弯道向下流动，因下游水深较浅，流速受地形影响较大，最大流速位于电站下游开挖平台与天然河道相接处，最大流速在 3.5 m/s 左右。左岸电站下游为大范围低速回流区。河道下游实际过流断面差异较小，河道收窄对流速的影响较小，最大流速在 2 m/s 左右。

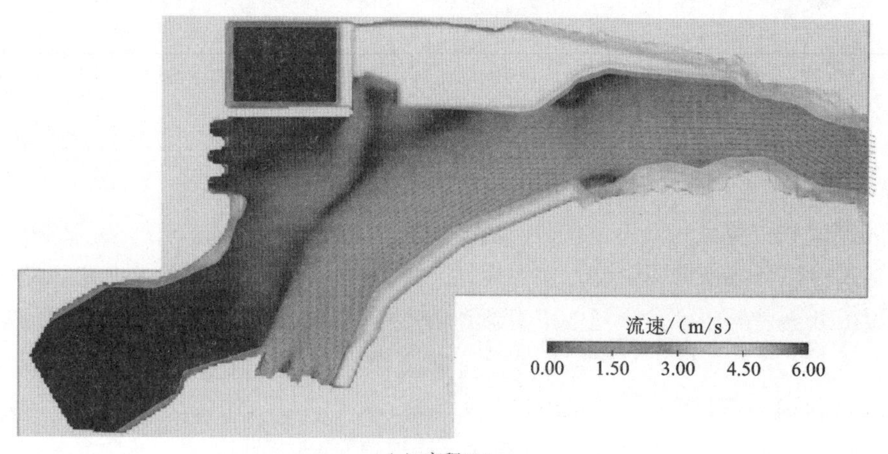

(a) 高程815 m

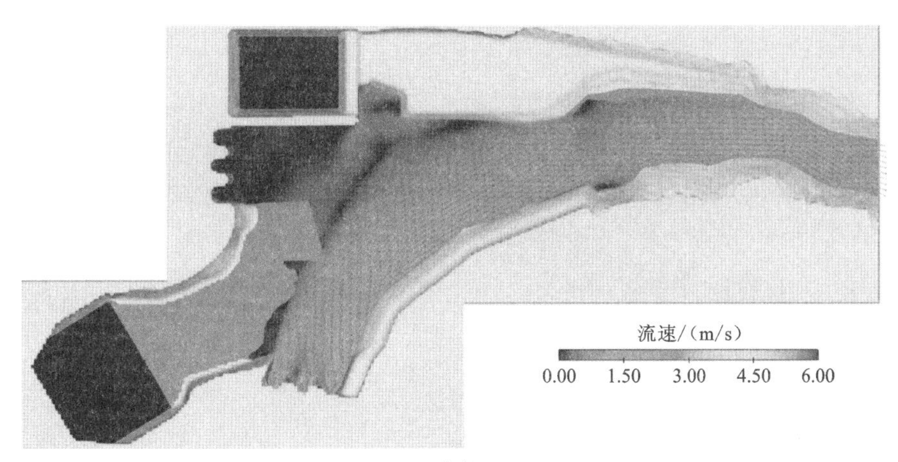

(b) 高程810 m

图 3.18　电站下游流速分布图（工况 6，右岸 7#，9#和 11#机组发电）

工况 7：左岸 1#，2#，3#机组发电（3 机 2 洞，2 073.3 m^3/s）。该工况尾水渠的水深在 13 m 左右，而左右岸电站间的 810 m 平台水深在 8 m 左右。图 3.19 所示为该工况电站下游的流速分布图。左岸呈两股射流流态，1#和 2#机共用一尾水洞，出口流速在 5 m/s 左右，而 3#机组尾水洞出口流速在 2.5 m/s 左右。水流冲抵下游右侧河岸后沿金坪子弯道向下流动，右岸电站下游为低流速区，流速在 0.5 m/s 以下。因实际过流断面差异较小，河道收窄对流速的影响较小，最大流速在 3.0 m/s 左右。

工况 8：右岸 9#，10#和 11#机组发电（3 机 2 洞，2 073.3 m^3/s）。该工况尾水渠的水深在 13 m 左右，而左右岸电站间的 810 m 平台水深在 8 m 左右。图 3.20 所示为该工况电站下游的流速分布图。右岸呈两股射流流态，9#和 10#机组共用一尾水洞，出口流速在 5 m/s 左右，而 11#机组尾水洞出口流速在 2.5 m/s 左右。水流沿金坪子弯道向下流动，左岸电站下游为回流区，流速在 0.5 m/s 以下。因实际过流断面差异较小，河道收窄对流速的影响较小，最大流速在 3.0 m/s 左右。

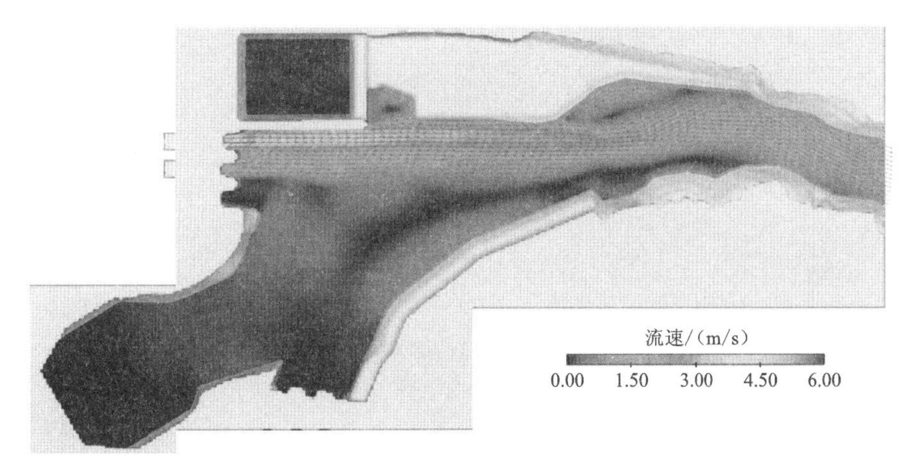

(a) 高程815 m

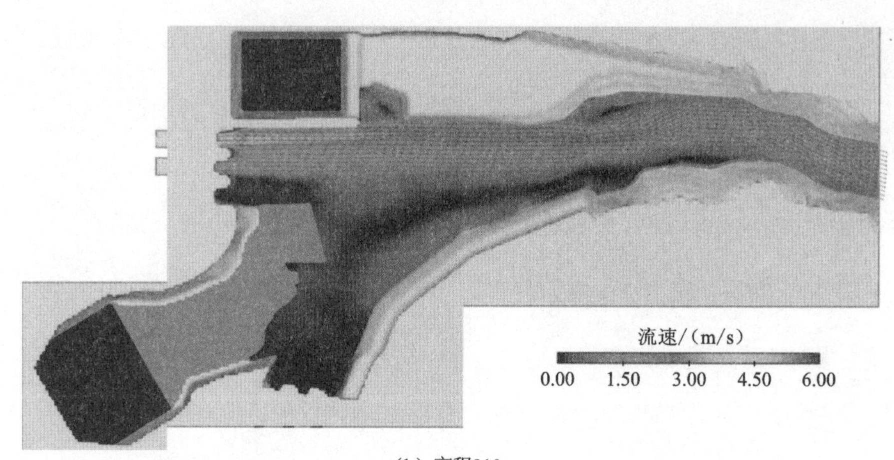

（b）高程810 m

图 3.19　电站下游流速分布图（工况 7，左岸 1#，2#和 3#机组发电）

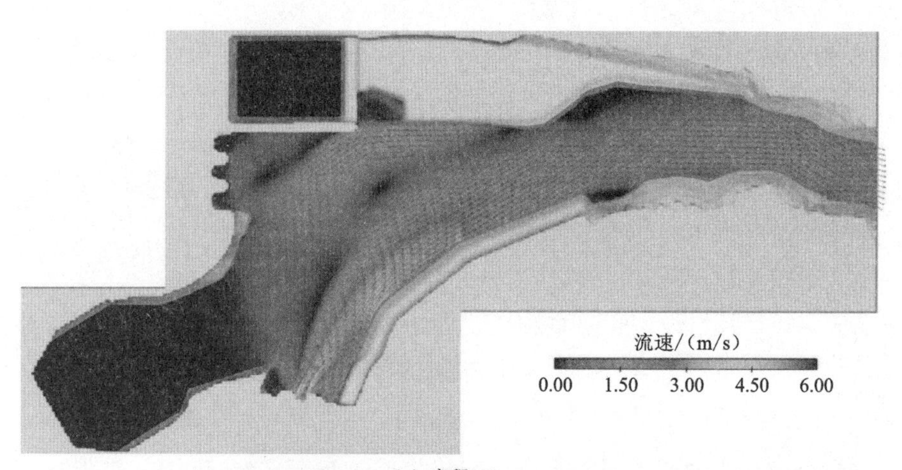

（a）高程815 m

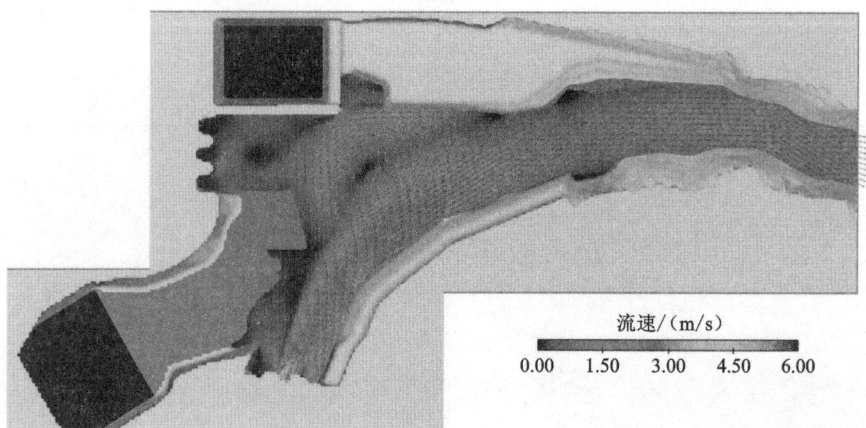

（b）高程810 m

图 3.20　电站下游流速分布图（工况 8，右岸 9#，10#和 11#机组发电）

工况 9：左岸 1#～6#机组发电（6 机 3 洞，4 146.6 m^3/s）。该工况尾水渠的水深在 17 m 左右，而左右岸电站间的 810 m 平台水深在 12 m 左右。该工况下电站下游的流速分布如图 3.21 所示，因仅有左岸机组发电，左岸呈三股射流流态，洞口流速在 4 m/s 左右。水流冲抵下游右侧河岸后沿金坪子弯道向下流动，右岸电站下游为大范围回流区，流速较小。河道下游因实际过流断面差异较小，河道收窄对流速的影响较小，最大流速在 3 m/s 左右。

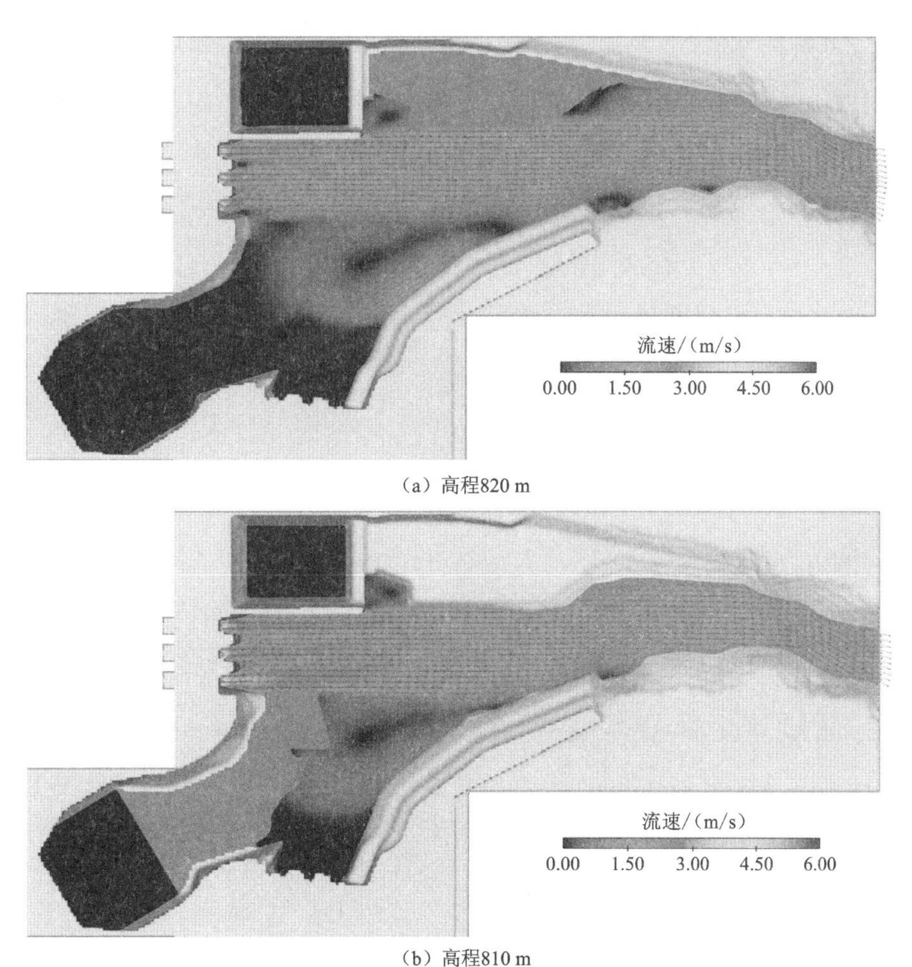

（a）高程820 m

（b）高程810 m

图 3.21　电站下游流速分布图（工况 9，左岸 1#～6#机组发电）

工况 10：右岸 7#～12#机组发电（6 机 3 洞，4 146.6 m^3/s）。该工况尾水渠的水深在 17 m 左右，而左右岸电站间的 810 m 平台水深在 12 m 左右。该工况电站下游的流速分布如图 3.22 所示，右岸呈三股射流流态，水流沿金坪子弯道向下流动，右侧 6#尾水洞下游明渠流速较大，最大达 4.5 m/s，左侧流速相对较小，流速在 3 m/s 左右。左岸电站下游为大范围低速回流区。河道下游实际过流断面差异较小，河道收窄对流速的影响较小，最大流速在 3.5 m/s 左右。

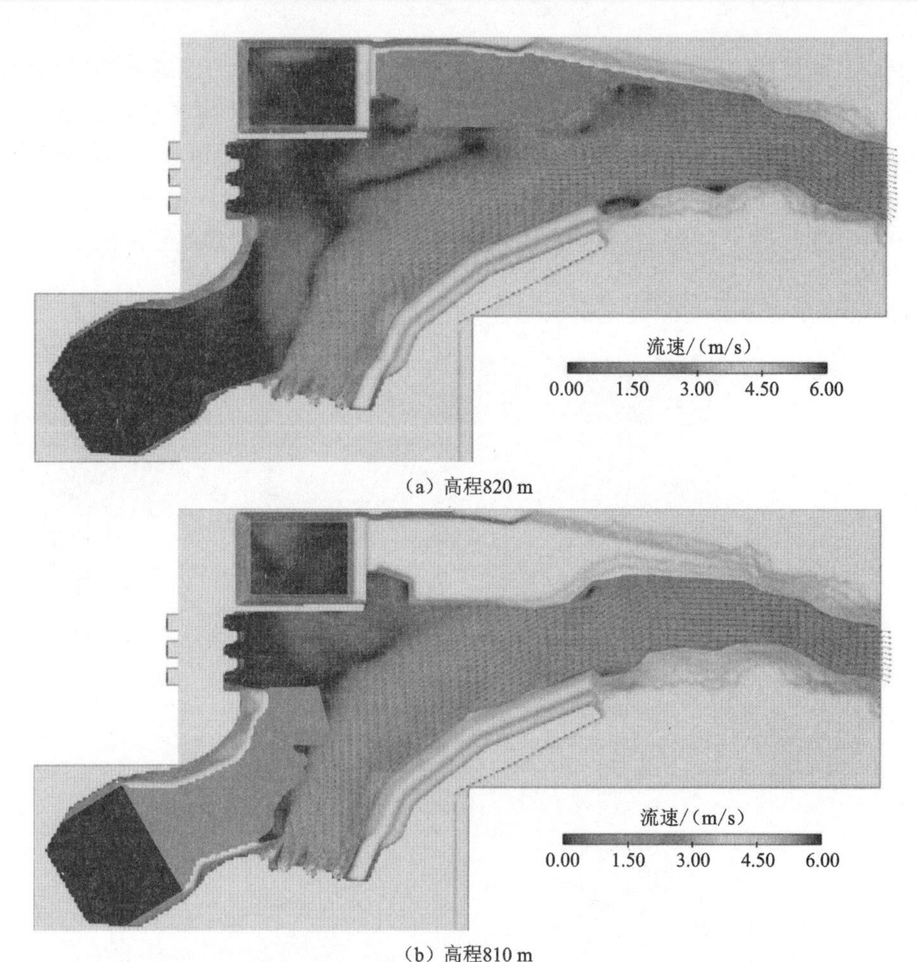

（a）高程820 m

（b）高程810 m

图 3.22　电站下游流速分布图（工况 10，右岸 7#～12#机组发电）

工况 11：1#、3#、5#、7#、9#、11#机组发电（6 机 6 洞，4 146.6 m^3/s）。该工况尾水渠的水深在 17 m 左右，而左右岸电站间的 810 m 平台水深在 12 m 左右。该工况下电站下游的流速分布如图 3.23 所示，6 台机组均采取一洞一机的运行方式，洞口流速分布较均匀，流速在 2 m/s 左右。6 股水流冲抵下游后沿金坪子弯道向下流动。河道下游因实际过流断面减小，河道收窄，流速增大，最大流速在 3 m/s 左右。

工况 12：1#、3#、4#、5#和 7#～11#机组发电（9 机 6 洞，6 219.9 m^3/s）。该工况尾水渠的水深在 21 m 左右，左右岸电站间的 810 m 平台水深在 16 m 左右。该工况下电站下游的流速分布见图 3.24，因左岸尾水洞中 2#尾水洞为 2 台满发流量，而左右两尾水洞为单台发电流量，左岸电站尾水呈中间大两侧小的三股射流流速分布，且表层流速小，底部流速大，最大流速在 3.5 m/s 左右。而右岸尾水洞左侧和中间为两台机组满发流量，右侧为单台机组发电流量，三股射流则呈左侧和中间大而右侧小的流速分布，垂向上表层流速小，底部流速大，最大流速亦在 3.5 m/s 左右。6 股水流相交后沿金坪子弯道向下游流动，过流断面不断收窄，流速增大，最大流速在 4.5 m/s 左右。

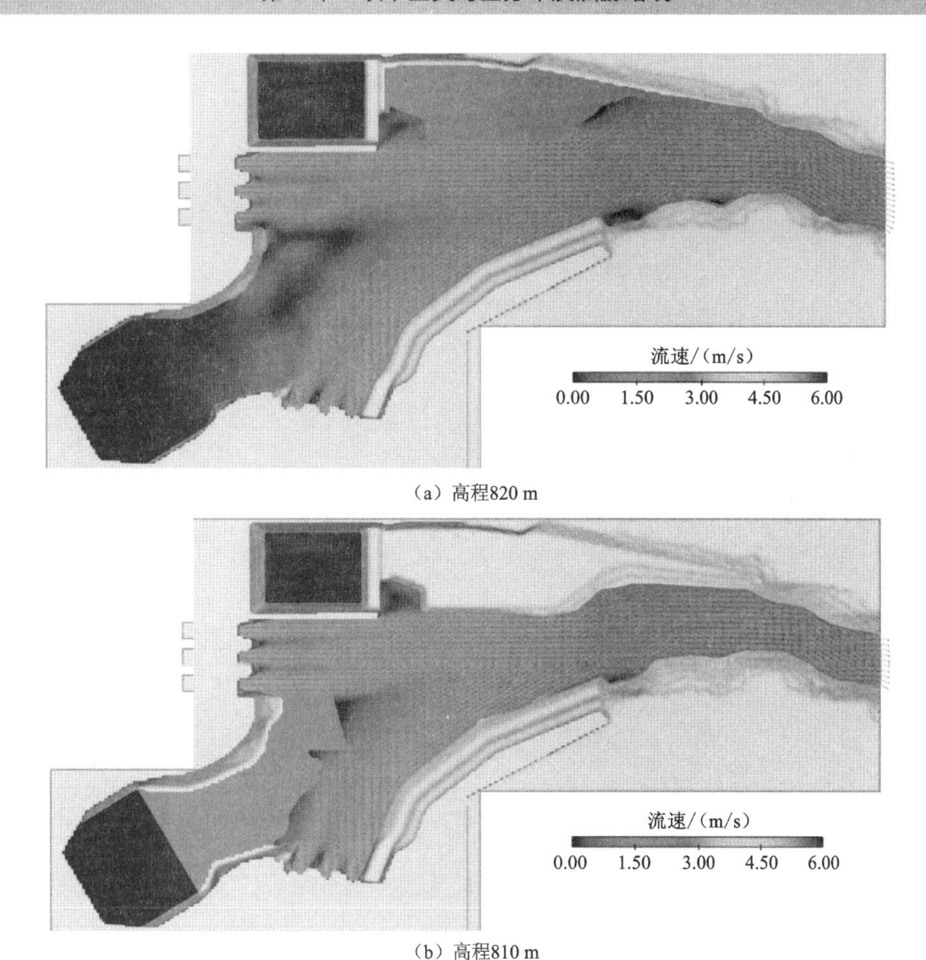

（a）高程820 m

（b）高程810 m

图 3.23　电站下游流速分布图（工况 11，1#，3#，5#，7#，9#和 11#机组发电）

工况 13：1#～5#和 9#～12#机组发电（9 机 6 洞，6 219.9 m^3/s）。该工况尾水渠水深在 21 m 左右，而左右岸电站间的 810 m 平台水深在 16 m 左右。该工况下电站下游的流速分布，如图 3.25 所示，左岸电站尾水呈左、中大而右侧小的三股射流流速分布，且表层流速小，

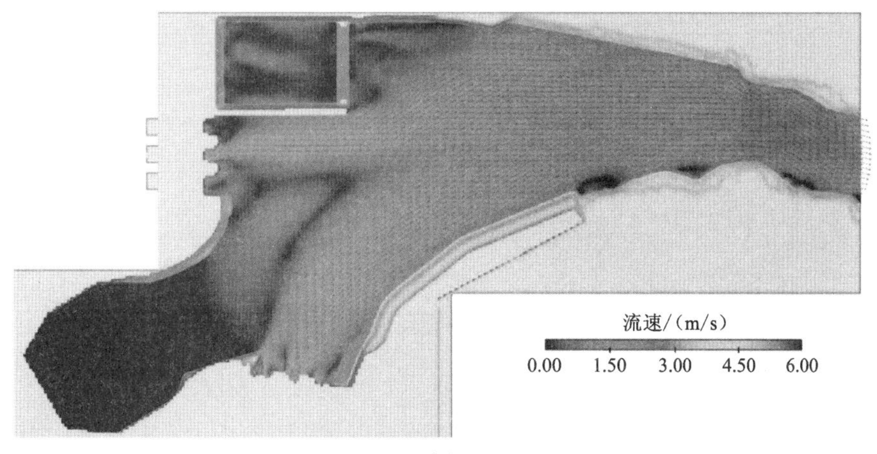

（a）高程825 m

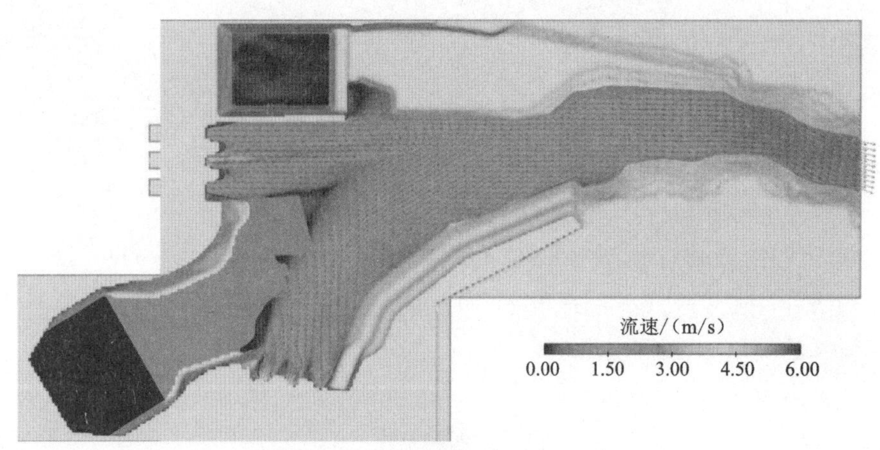

（b）高程810 m

图 3.24　电站下游流速分布图（工况 12，1#，3#，4#，5#和 7#～11#机组发电）

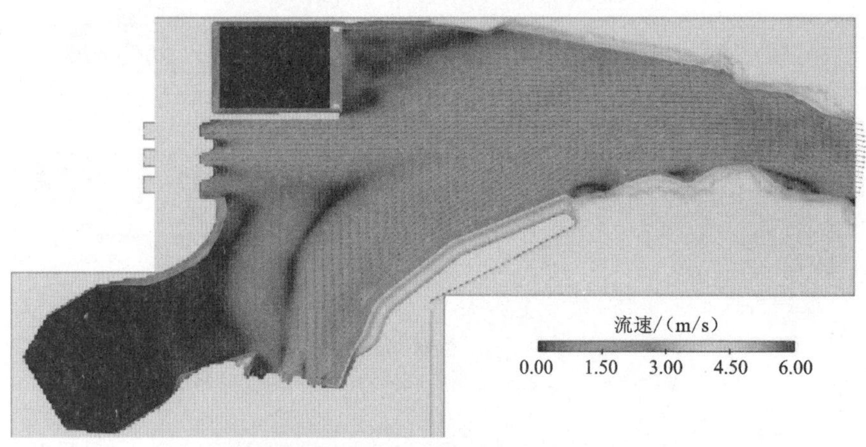

（a）高程825 m

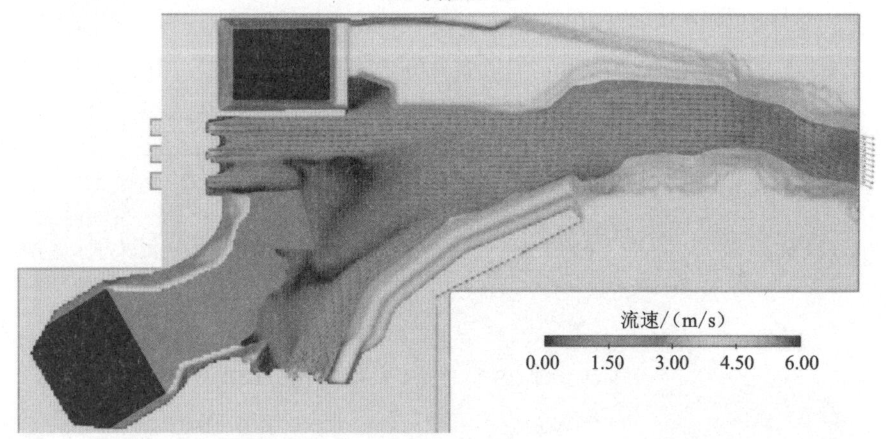

（b）高程810 m

图 3.25　电站下游流速分布图（工况 13，1#～5#和 9#～12#机组发电）

底部流速大，最大流速在 3.5 m/s 左右。而右岸尾水呈中间和右侧大而左侧大范围回流的流速分布，垂向上表层流速小，底部流速大，最大流速亦在 3.5 m/s 左右。6 股水流相交后沿金坪子弯道向下游流动，过流断面不断收窄，流速增大，最大流速在 4.5 m/s 左右。

工况 14：12 台机组满发（8 293.2 m^3/s）。该工况水深在 21 m 左右，左右岸电站间的 810 m 平台水深在 16 m 左右。该工况下电站下游的流速分布，如图 3.26 所示，左岸 6 台机组和右岸 6 台机组下游水流各呈三股射流流态，流速表层小，底部大，射流中心流速在 3.5 m/s 左右；6 股水流相交后沿弯曲河道向下游流动，因河道宽度逐渐收窄，下游流速断加大。

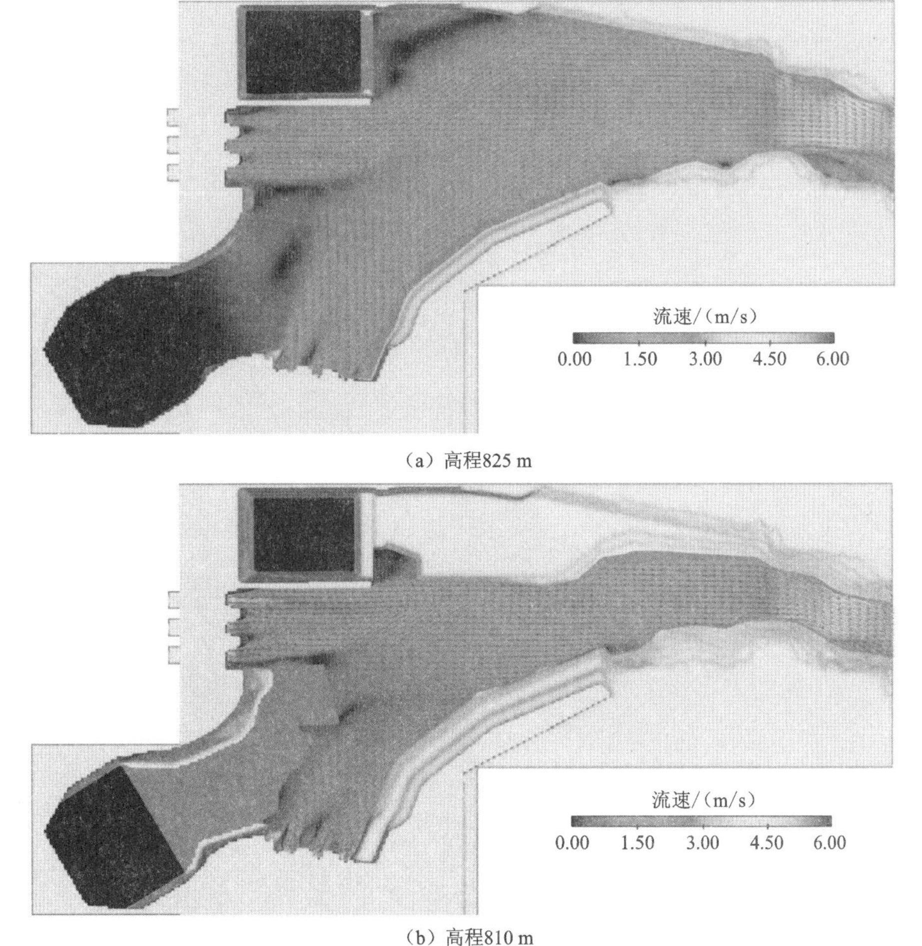

（a）高程825 m

（b）高程810 m

图 3.26　电站下游流速分布图（工况 14，12 台机满发）

3. 现场实测

导流状态下下游河道表层流速分布见图 3.27，可见河中心流速 2.0～3.0 m/s，岸边流速一般在 1.0 m/s 以下，河中心流速显著高于岸边流速。

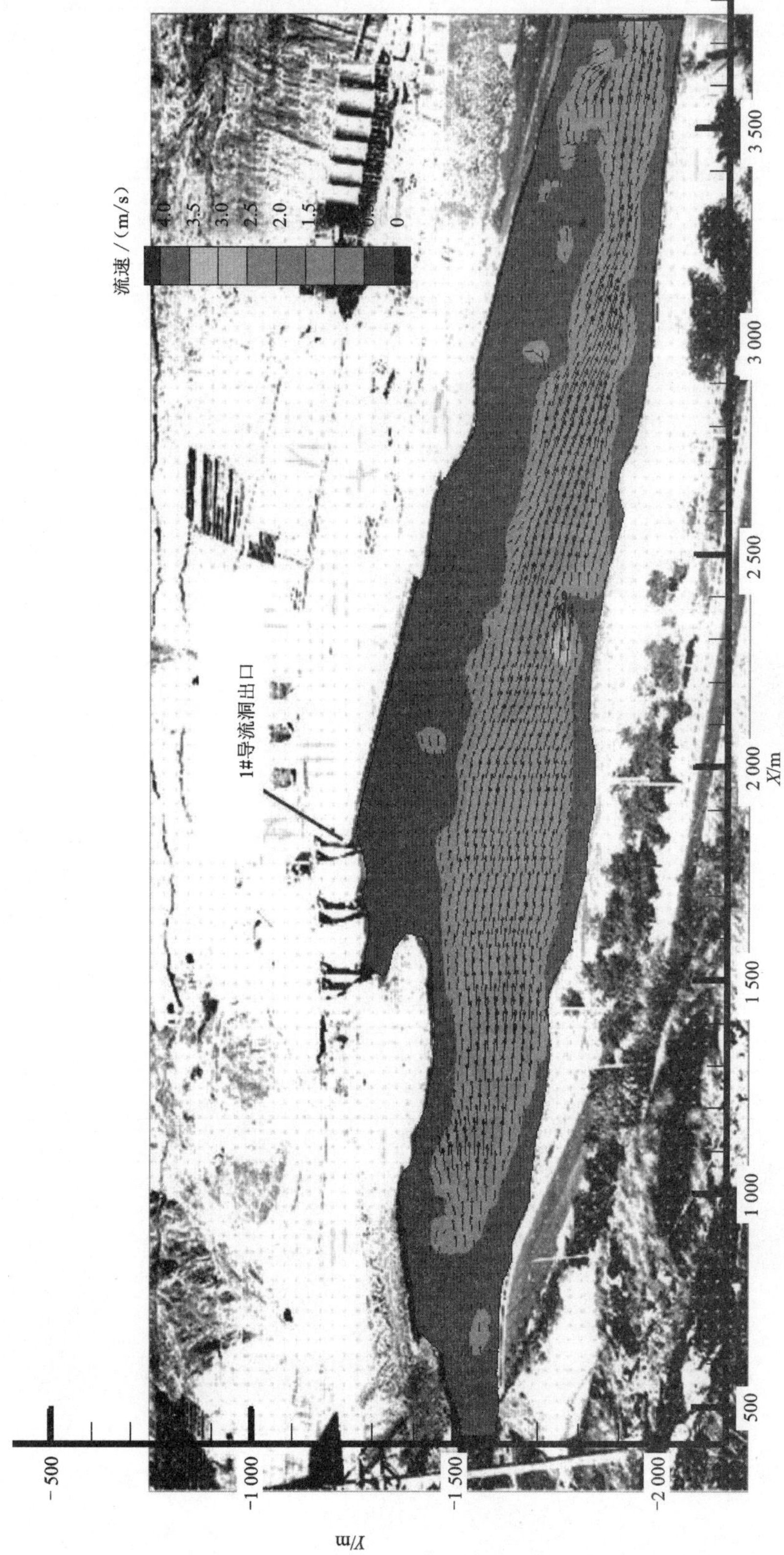

图 3.27　导流状态坝下表层流速分布（3#、4#导流洞过水）

3.2.3　研究结论

1. 坝下河道流速分布

乌东德水电站单独过流时，电站下游河道主要存在两处高速流区，其中一处位于金坪子弯道附近收窄处，最大流量时流速在 5 m/s 左右，最小流量时流速在 3 m/s 左右。考虑到河床边界的曲折，下游河道两侧均存在流速 1 m/s 左右的低流速区。

2. 尾水区流速分布

另外一处高速流区位于发电尾水洞出口附近，2 台机组发电时下游水位最低，洞内为明流，流速最大。2 机共用一尾水洞时（2 机 1 洞）洞内流速在 6 m/s 左右，1 台机组单独采用一尾水洞（1 机 1 洞）时流速在 3.00 m/s 左右。6 台机组以上同时发电时，洞内为满流，流速基本一致，2 机 1 洞时流速在 3.50 m/s 左右，1 机 1 洞时流速在 1.75 m/s 左右。见表 3.2。

表 3.2　不同发电工况机组组合条件下尾水洞内流速

发电工况	流量/（m^3/s）	机组组合	尾水洞内流速/（m/s）
2 台机组发电	1 160.0	2 机 1 洞	6.00
		1 机 1 洞	3.00
3 台机组发电	2 073.3	2 机 1 洞	5.00
		1 机 1 洞	2.50
6 台机组发电	4 146.6	2 机 1 洞	4.00
		1 机 1 洞	2.00
9 台机组发电	6 219.9	2 机 1 洞	3.50
		1 机 1 洞	1.75
12 台机组发电	8 293.2	2 机 1 洞	3.50

当左岸及右岸机组发电时，发电机组下游水流各呈射流流态，射流中心流速在 3.00 m/s 左右，中心流速较高，洞口旁及隔墩处存在回流区，流速较缓。两岸电站均发电时水流相交后沿弯曲河道向下游流动，两股水流交汇处存在一定水流平缓水域。

3. 鱼类上溯洄游可能性

对于金坪子弯道附近的高流速区，考虑到河床边界的曲折，以及岸边的底质情况，均存在流速 1.0 m/s 以下的低速流区，可满足鱼类上溯洄游要求。

对于电站尾水洞出口附近的高速流区，流速呈射流形分布，中心流速较高，而相邻尾水洞间及左右两侧存在低速分离回流区，鱼类在尾水洞口上溯疲劳时可在此区域休息，然后伺机上溯。

3.3　坝下鱼类分布调查

3.3.1　调查方法

1. 渔获物调查

2018 年 6 月 5 日至 6 月 14 日长江水产研究所在乌东德坝下开展了鱼类分布现状调查，调查范围为坝下 2～5 km 江段，如图 3.28 所示。

图 3.28　坝下鱼类调查区域及断面

黄色区域为渔获物调查区域；1、2 断面为鱼类声呐探测断面

为全面调查鱼类资源情况，采用流刺网、地笼、撒网和脉冲 4 种方法捕捞坝下江段鱼类。其中流刺网每网作业时间 30 min，地笼投放时间为 4 h，撒网为 5 min，脉冲为沿江实时捕捞，作业方法及采集到的渔获物如图 3.29～图 3.32 所示。

图 3.29　坝下江段流刺网作业

图 3.30　坝下江段地笼作业

图 3.31　坝下江段捕捞船作业

图 3.32　坝下江段采集到的渔获物

2. 水声学探测

采用 SIMRAD EY60 回声探测系统对调查水域进行探测，由于现场水流湍急，无法进行走航式探测，所以选择断面进行定点探测。探测断面见图 3.28，现场探测作业方法见图 3.33 和图 3.34。

图 3.33　声学探测作业（断面 A）

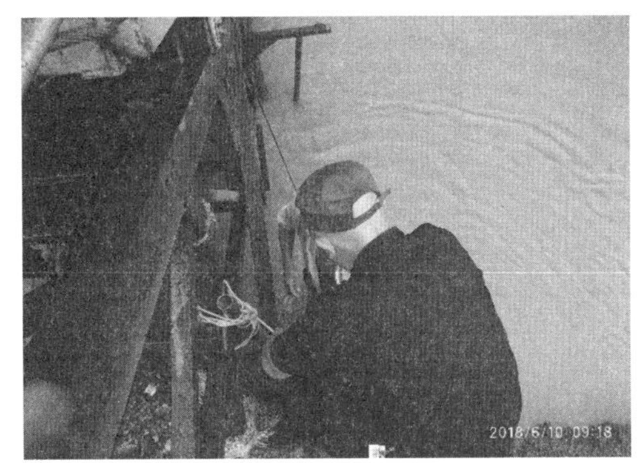

图 3.34　声学探测作业（断面 B）

SIMRAD EY60 回声探测系统参数设置见表 3.3。数据采集前对回声探测仪进行校准，水声学数据采用 Sonar5 软件处理。

表 3.3　SIMRAD EY60 回声探测系统主要参数设置

参数	参数设置	参数	参数设置
功率	300 W	最大回波长度	1.2 m
脉冲持续时间	64 μs	时变增益 TVG	20LogR
频率	最大	回波阈值	−70 dB
最小回波长度	0.8 m	文件大小	100 Mb

3. 坝下渔民调查

2018 年 5～6 月，对在乌东德坝下捕鱼的渔民及游钓者进行走访和调查，记录其渔获物情况，对重点鱼类进行收集，调查后的鱼类放归乌东德增殖放流站。调查情况见图 3.35～图 3.37。

图 3.35　下游围堰处渔民调查 1

图 3.36　尾水平台渔民调查 2

图 3.37　尾水平台渔民调查 3

3.3.2　调查结果

1. 鱼类种类组成

2018 年调查期间在乌东德坝下调查到鱼类 14 种，171 尾，分别为圆口铜鱼、长鳍吻鮈、齐口裂腹鱼、华鲮、凹尾拟鲿、鳘、宽鳍鱲、马口鱼、蛇鮈、麦穗鱼、鲫、子陵栉鰕虎鱼和中华鳑鲏，其中圆口铜鱼、长鳍吻鮈、齐口裂腹鱼 3 种为长江上游特有鱼类（表 3.4）。

表 3.4　2018 年 6 月乌东德坝下江段渔获物种类组成

种类	数量/尾	重量/g	数量比例/%	重量百分比/%	平均体长/mm	平均体重/g
长鳍吻鮈	1	136.9	0.58	2.49	205.0	136.9
圆口铜鱼	3	2 233.2	1.75	40.59	327.0	558.3
华鲮	1	89.4	0.58	1.63	178.0	89.4
麦穗鱼	1	8.6	0.58	0.16	61.0	8.6
鲫	2	21.1	1.17	0.38	65.5	10.6
齐口裂腹鱼	83	2 294.5	48.54	41.71	110.4	25.6
蛇鮈	3	33.5	1.75	0.61	96.0	11.2
凹尾拟鲿	9	95.7	5.26	1.74	85.7	10.6
宽鳍鱲	2	45.6	1.17	0.83	107.0	22.8
马口鱼	6	66.9	3.51	1.22	91.2	11.2
子陵栉鰕虎鱼	5	10.8	2.92	0.20	52.0	2.2
鳘	54	464.4	31.58	8.44	89.2	9.7
中华鳑鲏	1	0.8	0.58	0.01	37.0	0.8
总计	171	5 501.4				

注：百分比小计数字的和可能不等于 100%，是因为有些数据进行过舍入修约

调查到的圆口铜鱼中 2 尾为性成熟个体，性腺发育已至 IV 期，1 尾为雌性、1 尾为雄性，其余圆口铜鱼个体均未性成熟。

从鱼类分布来看，坝下河段相对较为顺直，坝下江段除施工区外，其余江段人类活动相对较少，鱼类种类较为丰富，如圆口铜鱼、长鳍吻鮈均有分布，且个体相对较大，可能与该江段适于这两种鱼类产卵有关。调查期间监测到了大量的齐口裂腹鱼，可能与乌东德增殖放流站刚刚开展特有鱼类增殖放流活动有关，捕捞鱼类现场测量后归还增殖放流站。

2. 鱼类时空分布

乌东德坝下江段设置了两个监测断面，分别是距坝址 4.5 km 的增殖放流站断面（断面 A）和距坝址 3.5 km 的农地断面（断面 B）。断面 A 昼夜连续监测，断面 B 白天监测。

共监测到鱼类630尾，平均每小时监测到28.3尾（表3.5）。

表3.5　乌东德坝下江段鱼类水声学监测概况

地点	日期	监测时间段	监测时长/h	监测目标数目/ind.
断面A（增殖放流站）	6月10日	10:00～12:00	2	41
		12:00～14:00	2	50
		14:00～16:00	2	23
		16:00～18:00	2	54
	6月10日	18:00～20:00	2	24
		21:00～23:00	2	52
		23:00～1:00	2	72
	6月11日	1:00～3:00	2	56
		3:00～5:00	2	24
		5:00～7:00	2	0
断面B（农地）	6月11日	10:30～12:30	2	111
		12:30～2:30	2	123

1）断面A监测结果

断面A共监测20 h，鱼类数量是396尾，平均每小时19.8尾。在5:00～7:00，未监测到鱼。不统计5:00～7:00数据，每小时监测最高和最低的时间段分别位于23:00～1:00和14:00～16:00，数值分别是36 ind./h和11.5 ind./h，相差24.5 ind./h（图3.38）。

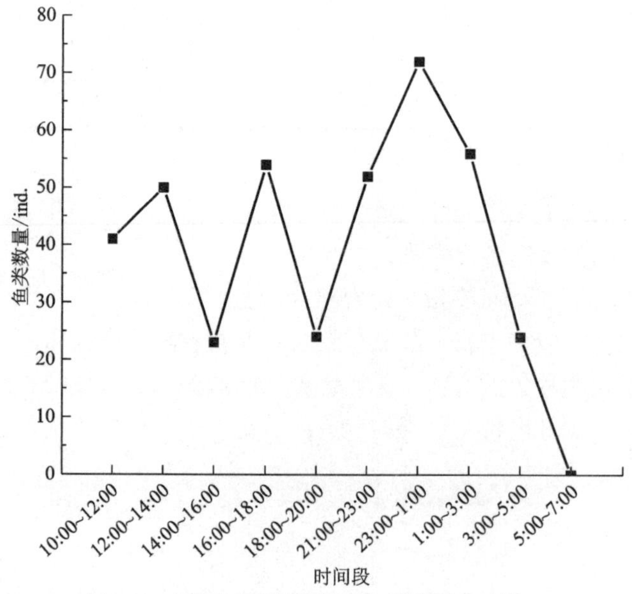

图3.38　不同时间段监测到鱼类数量变动情况

根据监测情况，10：00～18:00 数据作为白天，共 8 个小时，鱼类数量 148 尾，18.5 ind./h；18:00～5:00 数据作为晚上，共 11 个小时，鱼类数量 228 尾，20.73 ind./h。晚上单位时间监测到鱼的数量多于白天（图 3.39）。

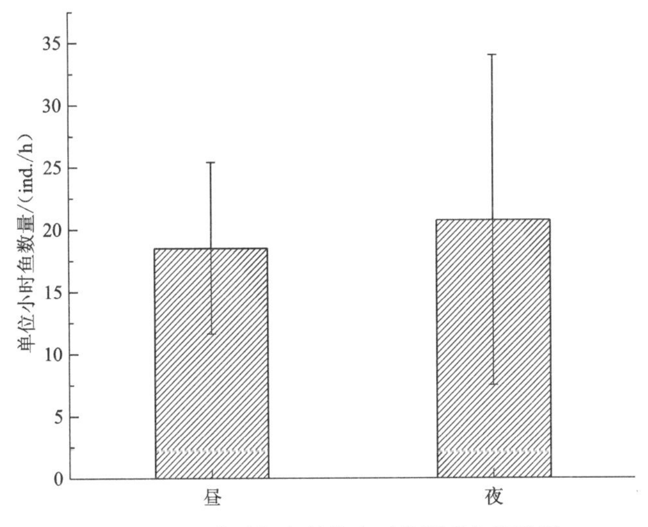

图 3.39　昼夜时间段单位小时监测到鱼类数量

断面 A 共监测到鱼类总数为 396 尾，鱼类目标强度的均值是-（56.76±7.14）dB，95%置信区间是-57.47～-56.05 dB。目标强度数据分布右偏（图 3.40、图 3.41）。

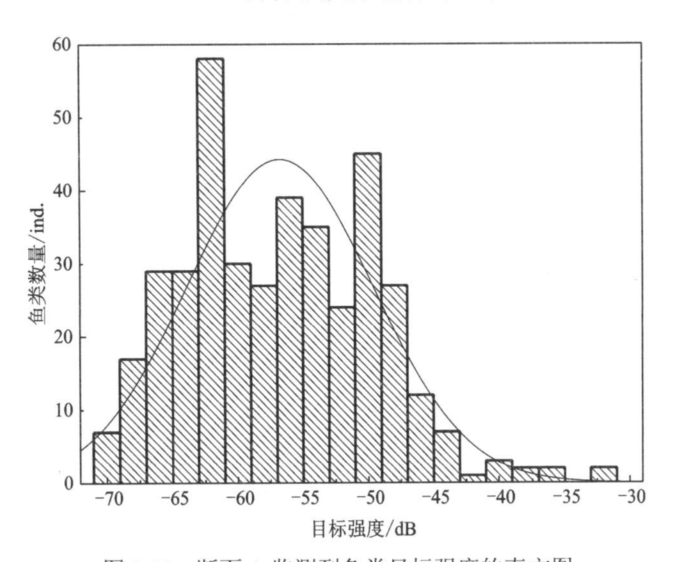

图 3.40　断面 A 监测到鱼类目标强度的直方图

白天监测到鱼类目标强度的平均值是-（52.07±6.49）dB，95%置信区间-53.05～-51.08dB；晚上监测到鱼类目标强度平均值是-（60.22±5.4）dB，95%置信区间-60.93～-59.51 dB。说明白天监测到的鱼的平均体长大于夜晚监测到鱼的平均体长（图 3.42）。

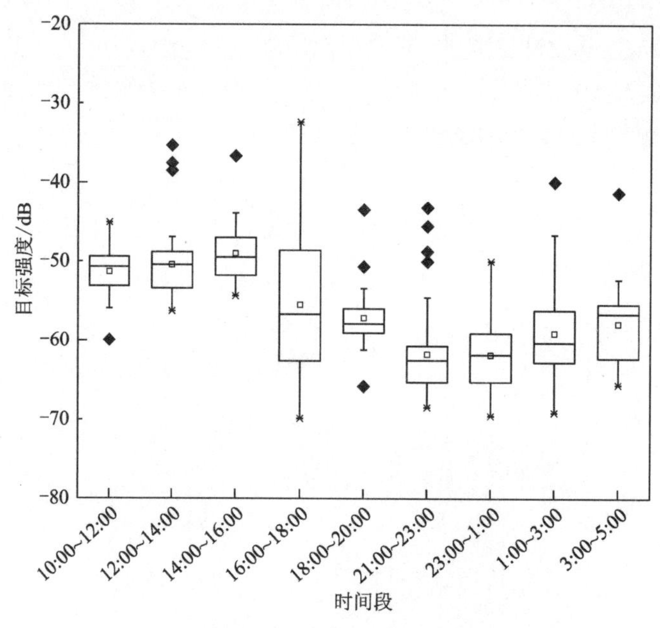

图 3.41　各时间段监测到鱼类目标强度的箱型图

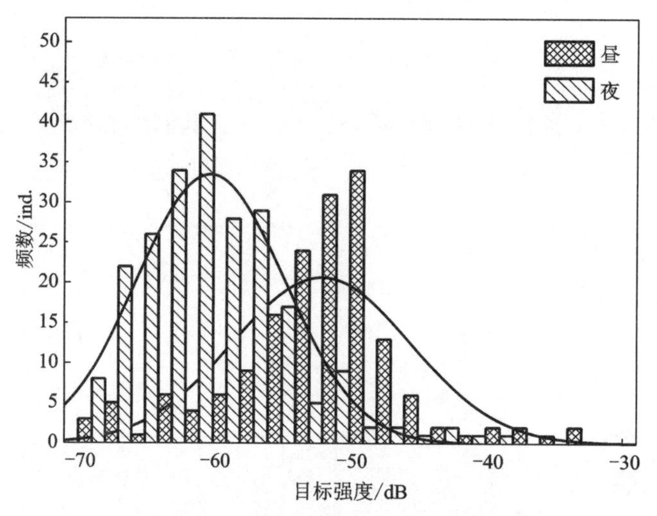

图 3.42　昼夜时间段监测到鱼类目标强度分布直方图

2）断面 B 监测结果

断面 B 共监测到鱼 234 尾，平均目标强度-（61.63±4.75）dB，95%置信区间是-62.24～-61.02 dB。目标强度的数据分布呈现右偏（图 3.43）。

10:30～12:30 时间段监测时长 2 h，共检测到鱼 111 尾，鱼的目标强度平均值是-（61.46±4.25）dB，95%置信区间是-62.26～-60.66 dB；12:30～2:30 时间段监测时长是 2 h，共监测到鱼类数量为 123 尾，鱼的目标强度平均值是（-61.79±5.18）dB，95%置信区间是-62.71～-60.86 dB（图 3.44）。

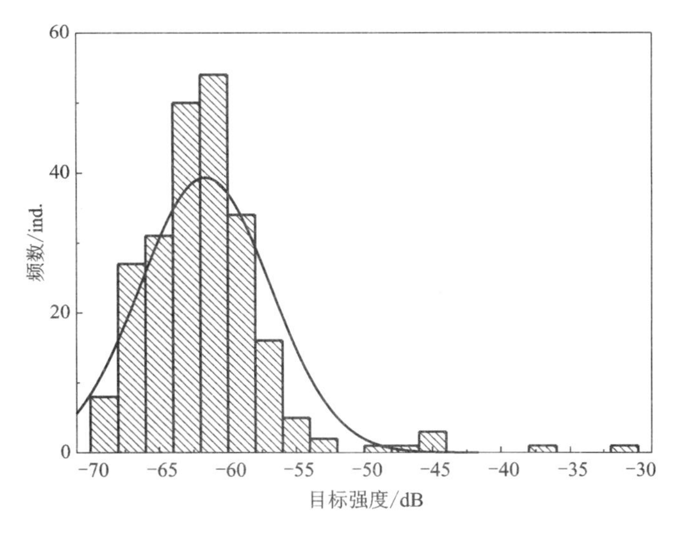

图 3.43　监测到鱼类目标强度分布直方图

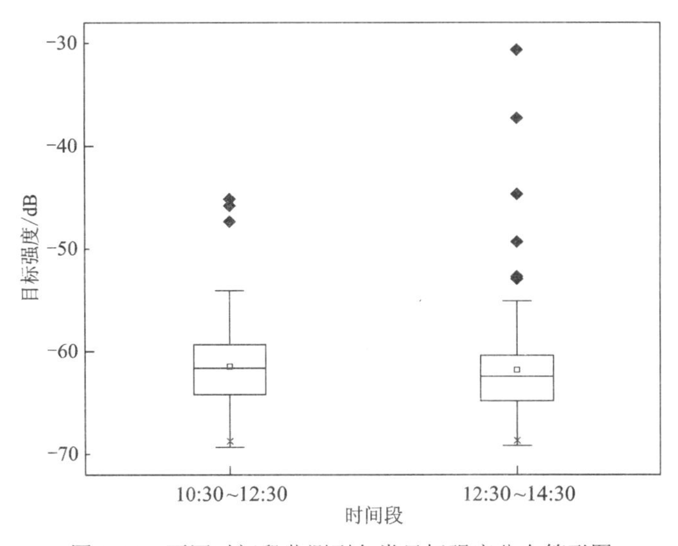

图 3.44　不同时间段监测到鱼类目标强度分布箱形图

3）断面 A 和断面 B 比较

（1）同时间段鱼类数量比较。由图 3.45 可知，在 10:00～14:00，单位时间断面 B 监测到的鱼的数量多于断面 A 监测到鱼的数量。断面 A 每小时监测到鱼的数量为 22.75 尾，断面 B 每小时监测到鱼的数量为 58.5 尾。

（2）同时间段鱼类目标强度比较。10:00～12:00，断面 A 鱼的目标强度平均值 -（51.30±2.94）dB；断面 B 是-（61.46±4.25）dB。12:00～14:00，断面 A 是 -（50.42±4.26）dB；断面 B 是-（61.79±5.18）dB。断面 A 监测到鱼类的体长大于断面 B 监测到鱼类的体长（图 3.46）。

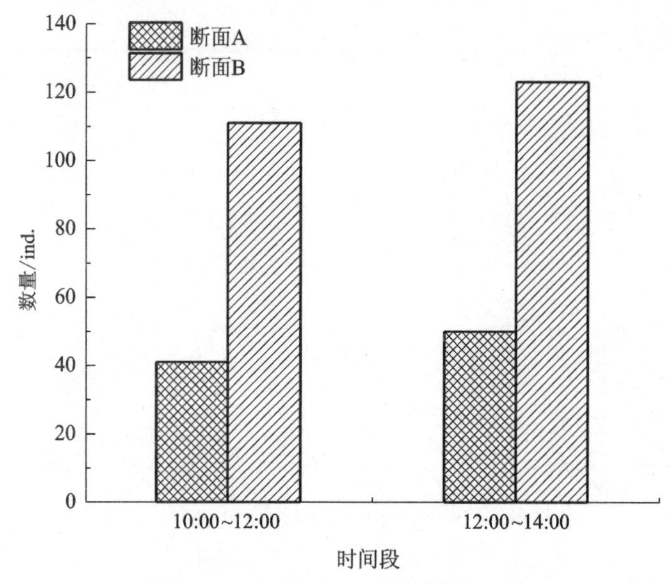

图 3.45　同时间段不同断面数量比较

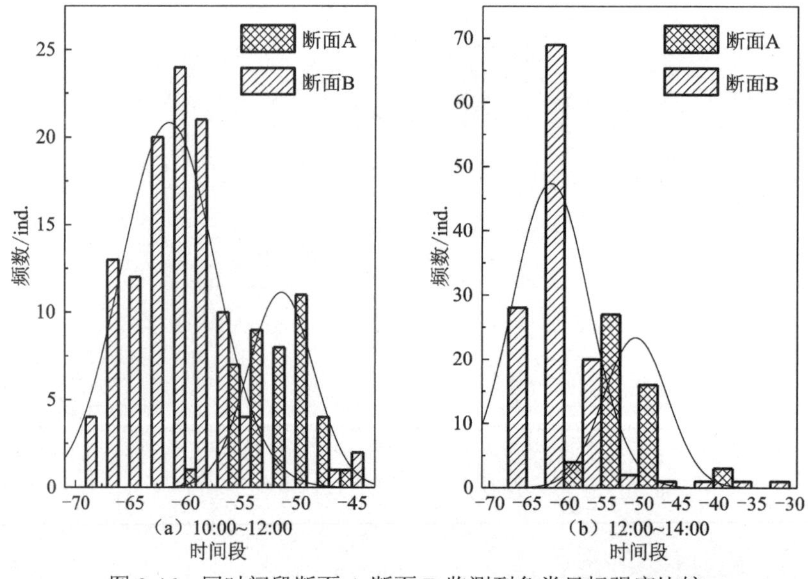

图 3.46　同时间段断面 A 断面 B 监测到鱼类目标强度比较

（3）乌东德坝下渔获区域。根据现场走访调查，由于乌东德江段鱼类资源量较低，金沙江水流湍急，道路交通不便，两岸职业渔民极少，多为休闲垂钓爱好者。通过对其走访调查，水电站坝下主要垂钓点包括两岸尾水平台、下游围堰左侧及江心大石块处，见图 3.47。其中两岸尾水平台的渔获物主要为圆口铜鱼（图 3.48）、鲇等，且体型较大，下游围堰右侧的渔获物主要为黄颡鱼及鲹科鱼类的幼鱼，体长多为 10 cm 以下。

图3.47　乌东德坝下主要垂钓点及渔获物

图3.48　左岸尾水洞口捕获的圆口铜鱼

3.3.3　调查结论

1. 坝下鱼类种类分布

经实地调查，坝下江段存在工程主要过鱼对象圆口铜鱼、长鳍吻鮈，以及齐口裂腹鱼等其他过鱼对象，且存在性成熟个体；坝下江段既有喜流性鱼类分布也有广适性鱼类分布。

2. 坝下鱼类密度分布

由于乌东德坝下水域水深浅、流速大，不具备走航式探测条件，所以通过断面声学探测对坝下鱼类分布进行分析，坝下3.5～4.5 km探测区域探测鱼类密度约26.25 ind./h。

通过现场走访发现乌东德坝下是鱼类相对密集的区域，其中两岸尾水区是圆口铜鱼等鱼类的密集分布区，小型缓流种类则多分布于下游围堰下方。

3. 时空节律

根据鱼类声学昼夜调查，夜间鱼类密度略高于昼间，密度峰值出现在23时至次日凌晨3时，昼夜对比发现，昼间监测到的鱼类规格较夜间监测到的个体略大。

3.4 其他工程类比

3.4.1 类比原则

乌东德水电站尚未建成运行，原则上可以参考相近水域、工程布置类似、鱼类组成相似的工程坝下鱼类分布情况做类比。但类比时以下几点须特别注意。

（1）电站尾水区域流速大，流态紊乱，探测船只一般难以到达，故走航式探测过程中电站尾水出口附近一般为探测盲区。

（2）电站尾水区一般气泡掺混严重，对声呐信号的传播和接收带来严重的噪声干扰，因此该区域探测数据一般为无效数据。

基于以上原因，坝下的声呐探测结果可以为非尾水洞口的鱼类分布规律提供参考，而针对电站尾水洞口的鱼类分布和密度一般难以评估，建议以实地调查和电站运行情况做参考。

根据以上原则，为了解乌东德坝下鱼类集群分布特性，选择与乌东德水电站距离较近，工程布置相对类似，鱼类组成较为接近的二滩水电站作为类比对象，分析不同水域水层的鱼类集群分布特征，为集鱼系统选址提供依据。

3.4.2 坝下探测结果

1. 鱼类平面分布

2017 年水工生态所在二滩水电站坝下 2 km 区域内进行探测，探测区域平均水深10.35 m，最大水深 28.65 m。探测时因电站尾水处有大量气泡干扰，且流速太大设备无法准确探测识别鱼类信号，故电站尾水处区域未采集到有效数据。

将探测路线按 100 m 划分网格，计算各网格投影面积 M 与目标数量 N，计算网格鱼类密度 N/M，单位为尾/1 000 m^2。利用统计法值法，推算坝下鱼类密度分布，并叠加流速数据进行分析。

结果显示，除尾水区未探测外，坝下鱼类活动密集区域主要有两处，见图 3.49。

图 3.49　二滩水电站坝下鱼类密度分布

2. 鱼类垂直分布

探测目标深度最大 25.38 m，最浅 1.72 m，均值 7.19 m。目标主要分布在 15 m 以下水层，占 94%。其中 0～5 m 目标占比 36%，5～10 m 目标占比 36%，10～15 m 目标占比 22%，超过 15 m 目标较少占比 6%。

按表层（20%水深）、中层（40%～80%水深）、底层（80%～100%水深）划分水层，分析鱼类在各水层分布特点，结果显示，表层分布鱼类最少为 7.58%，中层比例最多为 71.22%，底层鱼类为 21.21%，见图 3.50 和图 3.51。

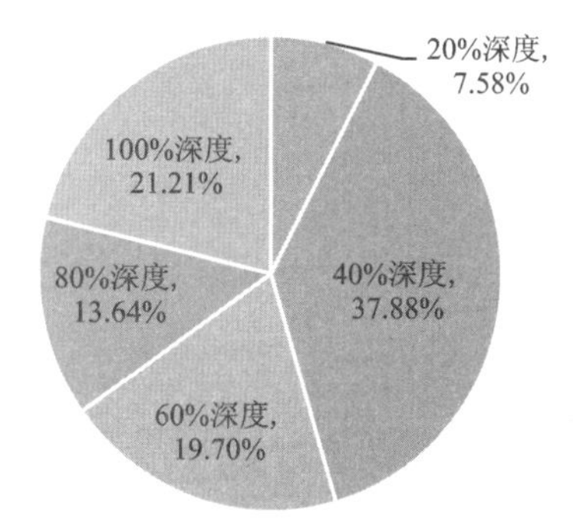

图 3.50　二滩坝下鱼类分布水层组成

百分比小计数字的和可能不等于 100%，是因为有些数据进行过舍入修约

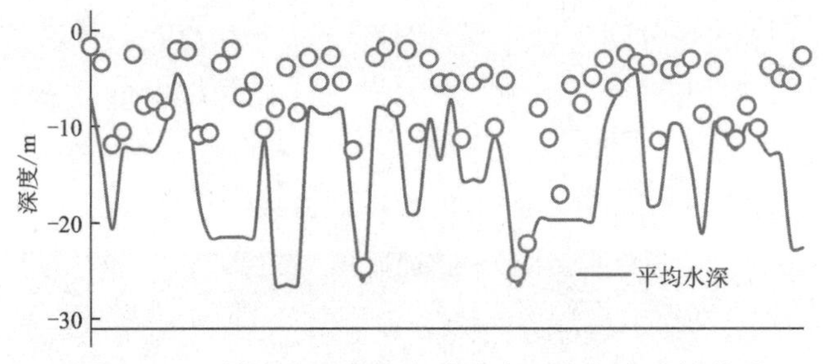

图 3.51　二滩水电站坝下鱼类分布深度与水深的关系

3. 鱼类分布与流速关系

根据鱼类分布与流速的叠加关系，鱼类在 0.5～1.0 m/s 和 1.0～1.5 m/s 的流速区间分布最多，见图 3.52。

图 3.52　二滩水电站坝下鱼类分布与流速的叠加关系

3.4.3　实际运行情况

在水利水电工程运行期间，通过渔民的作业、肉眼的观察也可以反映实际工程中坝下的鱼类分布规律。如乌江彭水水电站运行期间，经常发现有渔民进入电站尾水洞进行鱼类捕捞，且渔获量较大，如图 3.53 所示。乌江银盘水电站坝下也有渔民在电站尾水管附近放置渔网捕鱼，如图 3.54 所示。2016 年，大量鱼类聚集在汉江崔家营航电枢纽坝下，其中鱼类最密集的区域就是尾水管出口处，如图 3.55 和图 3.56 所示。2019 年 4 月 26 日，向家坝 6 号机组尾水检修门作业时，在检修门门顶处发现 7 尾长江鲟，如图 3.57 和图 3.58 所示。

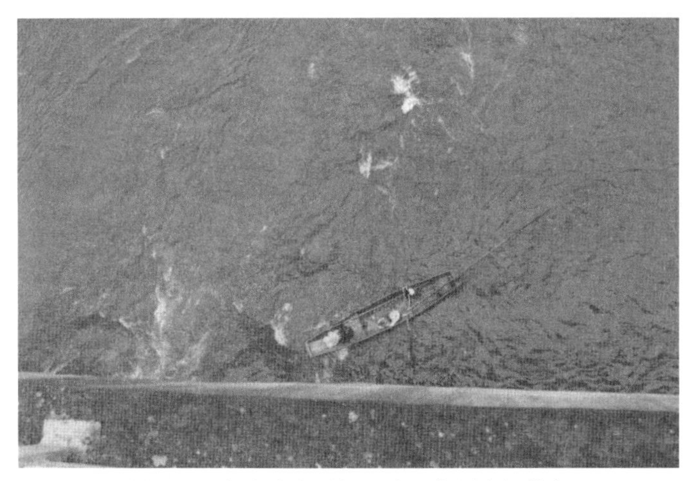

图 3.53　彭水水电站坝下渔民在尾水洞捕鱼

图 3.54　银盘水电站坝下渔民在尾水出口捕鱼

图 3.55　崔家营坝下密集的鱼类

箭头处为密集的鱼类

图 3.56　崔家营尾水管口密集的鱼类

图 3.57　向家坝 6 号机组尾水检修门处发现的长江鲟 1

图 3.58　向家坝 6 号机组尾水检修门处发现的长江鲟 2

3.4.4 类比结论

1. 关于坝下鱼类分布

由于电站尾水区存在严重的气泡掺混及噪声干扰问题，现有声学探测技术尚难以明确尾水洞的鱼类分布，但在众多实际工程中，发现坝下尾水洞口是鱼类最易密集分布的水域。

2. 关于鱼类上溯路径

通过观察发现鱼类常沿岸边上溯。

3.5 坝下鱼类分布及上溯路径预测

3.5.1 河流中鱼类分布规律

在急流河段中，由于鱼类克服流速耗费的能量较大，所以鱼类形成一套特有的行为规律，一般在急流河段中以下几个区域鱼类密度相对较高。

1. 具有合适流速梯度水域

1）急流和缓流的交汇处

急流和缓流的交汇处，也常称为“二道水”。靠近中弘的深水区水流较急，浅水区水流相对较缓。鱼类在深水和浅水的交界处，既可随时到岸边浅水区觅食，在遇到敌害时又可以立刻躲避至深水中。

2）“窄口”下哨处

所谓“窄口”即水面最窄处，这里水深流急，但下哨水面较宽处，流速较缓：“窄口”是鱼儿洄游的必经之地，逆流而上的鱼儿游到“窄口”下哨处，大多会在这里休息一下，恢复体力，然后继续上溯。此处一般是鱼类相对密集水域，而且鱼的个体一般都较大。

3）急流旁的回水区

回水区流速一般较缓，会滞留食物较多，上溯的鱼类洄游至回水区能够得到充分休息，并补充食物，利于继续上溯。

2. 流速庇护物后

当急流流经江底或河道中的大石块后，水流被石块劈开，会在石块后面形成一个相对缓流的区域，上溯的鱼类常躲避在此处。

3. 支流汇口

支流汇口处一般汇集了两条河流的营养物质和食物来源，鱼类常聚集在此处。

4. 坝下

坝下一般是鱼类密度较大的区域，密度比天然河道大得多，尤其是常泄水建筑物下方，如发电厂房尾水区，实例见“3.4.3　实际运行情况”。

3.5.2　鱼类的洄游路线选择规律

鱼类洄游过程路线选择具有以下规律：鱼类会上溯至能上溯到的最前沿；鱼类上溯途中会寻找缓流水域休息；鱼类常沿凹岸上溯；急流河段鱼类一般沿岸边及河底上溯。

3.5.3　坝下鱼类分布分析

1. 大尺度分析（乌东德坝下→白鹤滩坝址）

根据 2.4 节研究结果，坝下白鹤滩水电站运行后，乌东德坝下→白鹤滩坝址江段将从河流相向湖泊相转变，在白鹤滩坝前至回水区末端，广适性鱼类生境适宜度将提高，缓流性鱼类将主要分布在此江段。由于乌东德坝下 38 km 变动回水区仍保持一定的自然流水条件，圆口铜鱼、长鳍吻鮈等喜流性产漂流性卵鱼类及裂腹鱼类等喜流性产黏沉性卵鱼类将主要分布在此江段。乌东德坝下→白鹤滩坝址江段的鱼类大尺度分布格局见图 3.59。

图 3.59　3～7 月乌东德坝下→白鹤滩坝址江段的鱼类大尺度分布格局

2. 中尺度分析（乌东德坝下 2 km）

从中尺度来看，喜流性鱼类主要分布在乌东德坝下至白鹤滩库尾的水河段，而在乌东德水电站主要过鱼季节3～7月，喜流性鱼类如圆口铜鱼、长鳍吻鮈及裂腹鱼类等，会不断逆水上溯洄游至坝下有水流下泄的建筑物下方，在乌东德水电站正常发电工况下，喜流性鱼类一般会洄游至两岸尾水区。缓流性鱼类通常对水流的趋向性和克流能力较弱，虽然会被两岸发电尾水吸引，但难以长时间停留在尾水区内，所以其密集分布区可能在二道坝至两岸尾水区之间。不同发电工况下，鱼类分布格局略有差异，总体相似。

1）小流量工况

小流量单边机组发电工况下，喜流性鱼类可能主要分布在发电一岸的尾水区，两岸发电情况下，喜流性鱼类可能主要分布在两岸的尾水区。缓流性鱼类则可能主要分布于二道坝下方及尾水区（不发电时），小流量典型工况坝下鱼类分布格局预测见图 3.60。

图 3.60　小流量工况（1#、3#、5#机组发电，2 073.3 m^3/s）坝下鱼类分布格局

2）中等流量工况

中等流量（3～7 月典型平均流量工况，流量 6 000 m^3/s 左右），两岸均发电的情况下，喜流性鱼类可能主要分布在两岸发电厂房尾水区，缓流性鱼类则可能主要分布在二道坝下方，中等流量工况坝下鱼类分布格局见图 3.61。

3）大流量工况

7 月大流量工况（流量 8 000 m^3/s 以上），机组满发，喜流性鱼类可能主要分布在两岸发电厂房尾水区，缓流性鱼类则可能主要分布在二道坝下方，以及泄洪洞水垫塘及其下游侧，此工况坝下鱼类分布格局见图 3.62。

图 3.61 中等流量工况（6 台机组发电，4 146.6 m^3/s）坝下鱼类分布格局

图 3.62 大流量工况（12 台机组满发，8 293.2 m^3/s）坝下鱼类分布格局

3. 小尺度分析（尾水区内）

总体上看，喜流性鱼类会上溯至发电机组尾水区，但根据 3.2 节研究结果，在不同的发电工况和机组组合条件下，尾水区流速、流场存在差异，因此鱼类在尾水区内分布也存在细微差异。

1）6 台及以下机组发电（流量≤4 146.6 m^3/s）工况

此工况下，6 台及以下机组发电，根据水电站一般调度原则，一般采用 1 机 1 洞形式发电，3～7 月在这种工况机组组合条件下，尾水洞内流速一般在 2.0～2.5 m/s（表 3.2），此时喜流性鱼类会被发电尾水水流吸引并溯游至尾水洞口，在洞口旁侧及隔墩后休息，由于尾水洞边壁的阻力作用，洞边壁处流速略小，克流能力较强的鱼可以沿边壁冲刺进入尾水洞，当持续游泳一段时间后，鱼类出现疲劳，会退出尾水洞，并在尾水洞旁侧的回流区休息，准备下次冲刺溯游。一些鱼类也会在尾水区不停试探，尝试寻找机会上溯，有时也会进入无下泄水流的尾水洞。

2）7～11 台机组发电（4 146.6 m^3/s＜流量≤7 602.1 m^3/s）工况

此工况下 7～11 台机组发电，此时部分机组 2 机 1 洞，部分机组 1 机 1 洞发电。2 机 1 洞发电的尾水洞内流速为 3.5～4.0 m/s，此时喜流性鱼类会被发电水流吸引并溯游至尾水洞口，在洞口旁侧及隔墩后休息并尝试进入，由于洞内流速较大，鱼类进入洞内的难度较大。而部分 1 机 1 洞发电的尾水洞内流速为 1.75～2.0 m/s，此时鱼类会在尾水区多次尝试寻找入口，当到达 1 机 1 洞发电的尾水洞口附近后，鱼类会伺机进入洞内。

以 9 台机组发电（1#、3#、4#、5#、7#、8#、9#、10#、11#机组发电、6 219.9 m^3/s）为例，此工况下，鱼类会尝试进入 1 号、3 号及 6 号尾水洞（见图 3.63 中红圈所示），2 号、4 号及 5 号尾水洞由于流速较大，鱼类较难进入洞内，此时鱼类也会聚集在 2 机 1 洞尾水洞旁侧水域（图 3.63 中黄圈所示）。

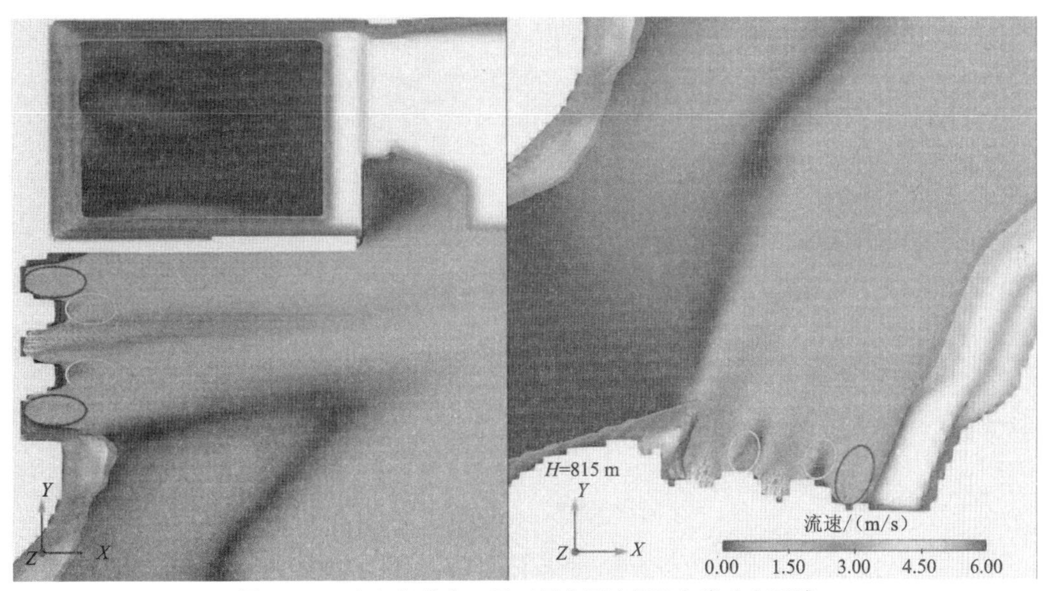

图 3.63　9 台机组发电工况下尾水区流场及鱼类分布区域

注：左图为左岸尾水区；右图为右岸尾水区

3）12 台机组发电（流量＞7 602.1 m^3/s）工况

当电站 12 台机组发电，所有尾水洞均为 2 机 1 洞发电，尾水洞内流速为 3.5～4.0 m/s，此时喜流性鱼类会溯游至尾水洞口，在洞口旁侧及隔墩后休息并尝试进入，由于洞内流速较大，鱼类进入洞内的难度较大，鱼类将主要分布在尾水洞口旁侧及隔墩后，并在整个尾水区内徘徊。

根据长系列水文资料分析，流量＞7 602.1 m^3/s 的工况在 3～7 月的出现频率约 5%，出现频率较低。

3.5.4　鱼类上溯路线分析

根据 3.5.3 小节对鱼类洄游路线的分析，在乌东德坝下，鱼类的上溯路径主要是沿左岸、右岸及江底上溯，途中在岸边的回流区或江中的大石块后休息，恢复体力后继续上溯，最终到达发电厂房尾水区附近，到达尾水区后，鱼类会沿河道在左岸和右岸之间洄游徘徊，鱼类上溯路线见图 3.64。

图 3.64　乌东德坝下鱼类可能的主要上溯路径（6 台机组发电，4 146.6 m^3/s）

扫一扫见本章彩图

第4章 集运鱼系统案例调研分析

4.1 引　言

集运鱼系统在过鱼设施的各种类型中属于新兴的过鱼方式，国际上虽早在 20 世纪 50 年代即开展了相关研究，但实施的工程案例较少。国内集运鱼系统的研究开发最早可追溯至20世纪80年代为葛洲坝过鱼开展试验研究的集鱼船，在2011年后，我国又在一些水利水电枢纽中规划建设了集运鱼系统。这些集运鱼系统的案例为乌东德集运鱼系统的方案设计提供宝贵的经验。因此，本章对国内外集运鱼案例开展调研分析。

4.2 国内案例调研

据统计，国内目前规划、设计、建设、运行中的集运鱼系统不足10例，其中4座已投入正式运行，其他正处于设计或调试运行中，本书选择部分典型案例进行调研分析，案例工程见表4.1。

表 4.1　国内已实施的部分集运鱼系统案例

序号	工程名称	国家	建成时间
1	彭水水电站	乌江	2012 建成
2	冲乎尔水电站	布尔津河	2014 年建成
3	马马崖一级水电站	北盘江	2013 年建成
4	龙开口水电站	金沙江	2018 年建成

4.2.1 彭水水电站集运鱼系统

1. 彭水水电站概况

彭水水电站集运鱼系统是国内首例正式投运的集运鱼系统，其主体结构由集鱼平台、运鱼船及观测试验设施等组成。其中集鱼平台 2012 年建成，运鱼船于 2015 年建成，目前整套系统在乌江彭水水电站及银盘水电站坝下开展集运鱼工作，其基本信息见

表 4.2。

表 4.2　彭水水电站集运鱼系统基本信息表

工程地点	乌江	建成时间	2012 年/2015 年
集运鱼方式	集鱼平台	运鱼方式	运鱼船
过鱼目标	主要过鱼种类：圆口铜鱼、圆筒吻鮈、岩原鲤、长鳍吻鮈、蛇鮈、铜鱼、吻鮈、长薄鳅和中华倒刺鲃等； 兼顾过鱼种类：花斑副沙鳅、犁头鳅、翘嘴鲌、宜昌鳅鮀、中华沙鳅、红唇薄鳅、宽体沙鳅、异鳔鳅鮀和中华金沙鳅等		

2. 彭水水电站集运鱼系统设计

彭水水电站集运鱼系统由集鱼平台、运鱼船及观测试验设施等组成（图 4.1）。

图 4.1　乌江彭水水电站集运鱼系统集鱼平台集鱼作业

集鱼平台是集运鱼系统的核心，是一个不具自航能力的漂浮平台，在坝下集鱼地点工作，其主要功能为诱集、暂养鱼类、鱼类救护，以及进行必要的试验工作。集鱼平台上设置造流、探测、计数、拦栅、收集、防逃逸、暂养及一定的试验设备（图 4.2）。

图 4.2　乌江彭水水电站集鱼平台和运鱼船配合作业

运鱼船为多功能综合船，其主要功能为转运鱼类、放流鱼类及进行必要的试验工作。运鱼船上设置运鱼箱、鱼类维生设备、会议室、动力设备及工作人员住宿生活设施。

观测试验设施的主要作用是探测鱼群分布、监测跟踪集鱼效果、监测鱼类状态、监测转运及运鱼效果，并为集运鱼系统的改进及完善提供支撑。观测设备和试验设施设置大部分在集鱼平台上，少部分设置在运鱼船。

集运鱼系统过鱼方式为运输过坝，主要过鱼流程分为定位→集鱼→转运→过坝→运输→放流 6 个步骤。

3. 运行效果

2012 年乌江彭水水电站集鱼平台建成并运抵现场，在乌江银盘水电站坝下开展集鱼试验及调试工作（图 4.3），试验初期收集到鱼类 5 种，后经过不断完善、优化、改造集诱鱼设备，集鱼数量逐渐增多，高峰期集鱼通道进鱼量达到 200 尾/h，但总体集鱼种类较单一，规格较小，多为表层鱼类。2015 年集鱼平台在万州船厂进行优化改造，同时运鱼船建成下水。试航后在乌江白马段、银盘段开展联合运行试验，之后两船编队航行至彭水水电站。2016 年集运鱼系统在彭水水电站坝下及下游县城水域等地点开展集鱼作业，共收集鱼类 18 种，其中过鱼目标 5 种。从集鱼种类看，大部分为表层鱼类，以当地优势种为主。

图 4.3　彭水水电站集运鱼系统集鱼情况

4.2.2　冲乎尔水电站集运鱼系统

1. 冲乎尔水电站概况

冲乎尔水电站位于新疆额尔齐斯河支流布尔津河，其集运鱼系统的主体结构由集鱼平台、运鱼车，以及配套辅助设施等组成，该套系统 2014 年建成并进行了试运行（表 4.3）。

表 4.3　冲乎尔水电站集运鱼系统基本信息表

工程地点	布尔津河	建成时间	2014 年
集运鱼方式	集鱼平台	运鱼方式	运鱼车
过鱼目标	主要过鱼种类：哲罗鲑、细鳞鲑、北极茴鱼； 兼顾过鱼种类：鲇鲈、贝加尔雅罗鱼、银鲫、北方须鳅、北方花鳅、尖鳍鮈、阿勒泰鱥		

2. 冲乎尔水电站集运鱼系统设计

冲乎尔水电站集运鱼系统由集鱼平台、运鱼车及配套辅助设施等组成（图 4.4）。

图 4.4　冲乎尔水电站集运鱼系统集鱼平台

集鱼平台是一个不具自航能力的漂浮平台，在坝下集鱼地点工作，可依靠固定在两岸的四根钢缆进行移动。其主要功能为诱集、暂养鱼类。集鱼平台上设置造流、诱鱼、收集装置，以及一定的试验设备。运鱼车是帮助鱼类过坝的交通运输设备，运鱼车上安装有随车起重机及运鱼箱，运鱼箱内设有鱼类维生系统，可以保证运输时鱼类的健康存活（图 4.5）。为配合整体集运鱼系统的工作，该系统还包含有赶拦鱼设施及码头（图 4.6）。

集鱼平台位于电站厂房下游左岸，距厂房约 400 m 处。集鱼平台主甲板艏部两舷及艉部两舷设置 4 台移船绞车。电站坝下至公路桥之间的区域内左岸及右岸各设地牛 2 只，移船绞车引出的钢缆和地牛连接，使集鱼平台可在一定区域内前后左右移动，寻找合适的过流断面进行集鱼作业。因当地鱼类多为中底层鱼类，为提高集鱼效果集鱼时通过加注压载水，沉底搁浅作业可与河底无缝衔接。鱼类收集箱放置于暂养舱底部，为钢质结构。集鱼结束后通过移船绞车将集鱼船绞拖至左岸，用汽车起重机将鱼类收集箱吊运至运鱼车上转运放流。

图 4.5 冲乎尔水电站集运鱼系统运鱼车

图 4.6 冲乎尔水电站集运鱼系统配套岸壁式码头

4.2.3 马马崖一级水电站集运鱼系统

1. 马马崖一级水电站概况

马马崖一级水电站位于贵州北盘江中下游，其集运鱼系统工程于 2014 年 12 月 27 日正式动工建造，2015 年 12 月 20 日移到小花江码头集鱼点，并同时完成主要附属设施工程，2016 年 1 月开始试运行工作，集运鱼系统信息见表 4.4。

表 4.4　马马崖一级水电站集运鱼系统基本信息表

工程地点	北盘江	建成时间	2015 年
集运鱼方式	集鱼平台	运鱼方式	运鱼车
过鱼目标	白甲鱼、光倒刺鲃、长臀鮠、花鲭等		

2. 马马崖一级水电站集运鱼系统设计

马马崖一级水电站集运鱼系统由集鱼设施、运鱼设施及附属工程组成，实现集鱼上行过坝的功能。集运鱼系统依托集运鱼平台布设。集鱼平台分为上行集鱼系统及其他配套装置，其中包括集运鱼平台系统、左岸旋梭固定拦鱼网、右岸旋梭固定拦鱼网、船体双侧可收回拦鱼网及柔性连接软网。集鱼平台外边缘总长为 25 m，总宽为 6.6 m，水下集鱼通道长为 15～20 m。集鱼平台四周用 3 根锚链锚接锁定河道中间。根据河道水位涨落情况，通过锚链伸缩调节固定集鱼平台相对位置，锁链长度随水位高程可人工调节。

集运鱼平台建在马马崖一级水电站坝址下游，附近有已建的板贵码头，运鱼箱在板贵码头转至运鱼车后，通过陆路运输至马马崖一级水电站上游盘江码头处，将收集到的鱼类放流至马马崖一级水电站库区内。

3. 马马崖一级水电站集运鱼系统运行效果

马马崖一级水电站集运鱼系统（图 4.7）于 2016 年 1 月进入初步试运行阶段，目前已投入运行，2017 年 8 月通过验收。根据相关报道，捕获各种鱼类共 14 种，有长臀鮠、乌原鲤、花鲭、白甲鱼、云南光唇鱼、暗色唇鲮等。

图 4.7　马马崖一级水电站集运鱼系统（照片来源：三峡大学）

4.2.4　龙开口水电站集运鱼系统

1. 龙开口水电站概况

金沙江龙开口水电站位于金沙江中游，其过鱼方式为“人工捕捞过坝工程”，在其方案论证过程中，对集运鱼系统方案和捕捞过坝方案进行了研究和比选，方案经数次调整，2016 年，经专家论证，最终采用人工捕捞过坝方案，龙开口水电站集运鱼系统信息见表 4.5。

表 4.5　龙开口水电站集运鱼系统基本信息表

工程地点	金沙江	工程名称	龙开口水电站
集运鱼方式	浮动平台＋深水网箱	运鱼方式	运鱼车
过鱼目标	圆口铜鱼、细鳞裂腹鱼、短须裂腹鱼、齐口裂腹鱼、长薄鳅、泉水鱼、长鳍吻鮈、鲈鲤		

2. 龙开口水电站集运鱼系统设计

龙开口水电站集运鱼系统经环评批复为捕捞过坝，方案经数次调整，现采用浮动平台与深水网箱方案，开展模型试验及验证工作。在坝下选择合适地点布置浮动平台，其外部为双体浮筒搭建，内部为金属集鱼箱，四周加固以抵御水流冲击，整体可拆卸便于部署。网箱由拦鱼网、抬升网与过鱼通道三部分组成，拦鱼网长 30～50 m，深 8～10 m，以缆绳牵引固定在岸边，封闭部分河段。鱼类上溯拦网范围后，通过抬升网、过鱼通道进入集鱼箱。

3. 龙开口水电站集运鱼系统运行效果

通过试验观测，拦鱼网具有较好的效果，提高鱼类进入网箱效率，下泄流量及流速也对网箱进鱼产生影响。试验中还利用了灯光、诱鱼剂等辅助方法，结果表明灯光无明显效果，诱鱼剂具有一定效果。集鱼箱中收集到一定数量鱼类，且大多数为过鱼对象，若在过鱼时段长期运行，可满足过鱼要求。

通过试验验证了上行集鱼方案的可行性及效果，获取了相关设计参数与数据，为后续研究设计提供了重要的参考依据，目前正在深化方案设计。

4.3　国外案例调研

20 世纪 50 年代，为克服固定过鱼设施（鱼道、鱼闸等）进口不能完全适应下游流态变化的缺点，苏联最先开始了集运鱼船相关研究。20 世纪 60 年代，集运鱼系统的首次应用是在美国贝克水库项目中的下贝克坝（Lower Baker Dam）。因下贝克坝最初修建未考虑鱼类过坝问题，后重新翻修需补建过鱼设施，此后又有若干工程采用这种集运鱼系统方式进行过鱼。

本书对国外集运鱼系统案例进行了资料调研，主要调研的案例工程见表 4.6。

表 4.6　国外集运鱼系统案例

编号	名称	国家	备注
1	科切托夫斯基（Kochetovsky）集运鱼船	苏联	1970 年建成
2	下贝克坝（Lower Baker Dam）集运鱼系统	美国	1958 年建成，2011 年改建
3	明托（Minto）集鱼系统	美国	20 世纪 50 年代建成，2013～2014 年改建
4	泥山坝（Mud Mountain Dam）集鱼系统	美国	1941 年建成，正在改建中
5	福斯特坝（Foster Dam）集运鱼系统	美国	20 世纪 60 年代建成，2015 年改建
6	上贝克坝（Upper Baker Dam）集运鱼系统	美国	2011 年建成

4.3.1　苏联科切托夫斯基集运鱼船

1. 概况

苏联为解决固定过鱼建筑物投资大，难以适应流态和鱼类集群规律变化等问题，从 20 世纪50年代开始研究可移动的过鱼设备——集运鱼船。苏联研发了科切托夫斯基集运鱼船。

2. 系统设计

该系统由集鱼船和运鱼船组成。其中集鱼船长度 51.3 m，宽度 13.2 m，高度 4 m，集鱼作业时吃水深度 2.8 m。进鱼口通道宽 8 m；运鱼船长度 21.7 m，宽度 13.2 m，高度 4 m，运鱼作业时吃水深 1.8～2.2 m。

3. 运行效果

科切托夫斯基集运鱼船 1970 年在顿河支流马内奇河江枢纽开展了试验研究，8 天收集了鲱、鳊、梭鲈等鱼 2.5 万尾（图 4.8～图 4.10）。

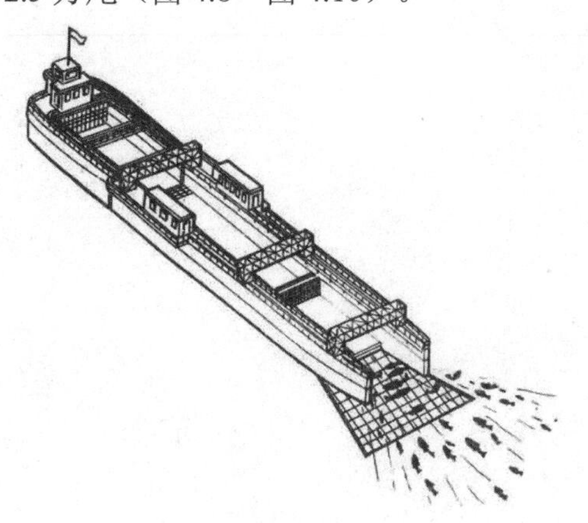

图 4.8　科切托夫斯基集运鱼船（Pavlov，1989）

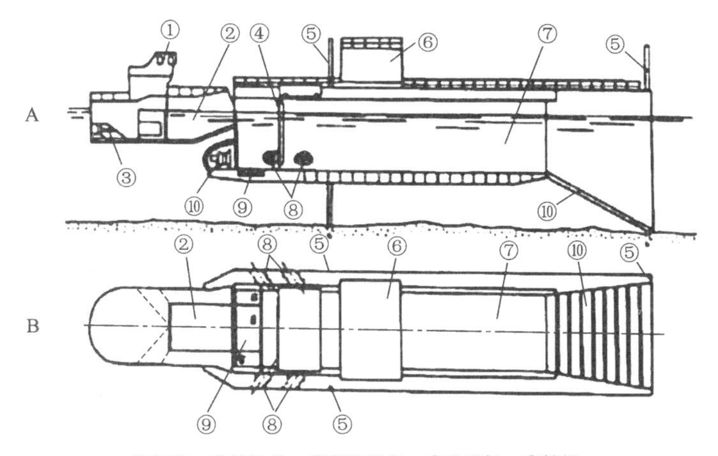

①机舱；②转运舱；③监测设备；④防逃栅；⑤桩锚；

⑥控制室；⑦集鱼舱；⑧水泵；⑨格栅；⑩集鱼坡

图 4.9　科切托夫斯基集运鱼船结构（Pavlov，1989）

注：A—剖面图；B—俯视图；

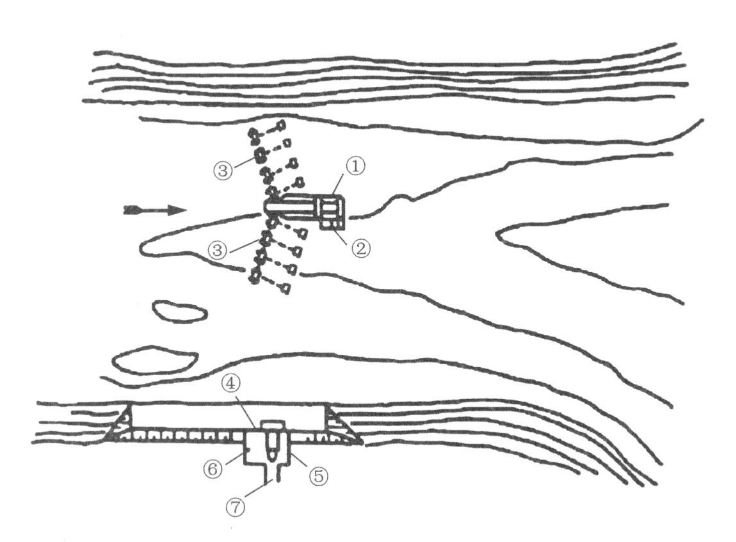

①集鱼船；②转运船；③拦鱼电栅；④监测器；⑤转运车；⑥码头；⑦道路

图 4.10　科切托夫斯基集运鱼船布置图（Pavlov，1989）

4.3.2　美国下贝克坝集运鱼系统

1. 下贝克坝概况

1958 年 7 月美国贝克河（Baker River）的下贝克坝首次建成了带有诱捕装置的集运鱼系统。由于进口位置设计等原因，2010 年 6 月业主对其进行了优化改造，主要优化内容包括优化引水系统、集鱼池和提升系统。

2. 下贝克坝集运鱼系统设计

下贝克坝集运鱼系统主要由溢流堰、进鱼口、集鱼池、补水设施、鱼闸、分拣室、暂养池、运鱼车及辅助设施组成。

3. 下贝克坝集运鱼系统运行效果

下贝克坝集运鱼系统 2011 年 3 月完成改建并进行了试运行，改建后目前已运行多年，效果明显，每年约帮助 50 000 尾鲑通过此坝。

4.3.3　美国明托集鱼系统

美国明托集鱼系统位于北桑蒂亚姆河（North Santiam River）驮运公园（Packsaddle Park）上游。该设施最早修建于 20 世纪 50 年代，2013 年 4 月该设施进行了重新设计和修缮，2014 年完工。

4.3.4　美国泥山坝集鱼系统

美国泥山坝集鱼系统位于皮阿拉普河（Puyallup River）支流白河上，是缓解泥山坝对鱼类洄游通道影响的保护措施之一。该设施修建于 1941 年，集鱼设施已有 80 多年的历史，该集鱼设施于 2020 年重新设计和建设，目前每年帮助超过 100 万尾鲑顺利过坝。

4.3.5　美国福斯特坝集运鱼系统

福斯特坝（Foster Dam）位于美国俄勒冈威拉米特河（Willamette River）上游，20 世纪 60 年代，为了帮助当地鲑上溯洄游，修建了一套集运鱼系统，该系统包括一段鱼道、集鱼池、装载区、补水设施和运鱼车。2015 年，该集运鱼系统进行了改造升级，改造内容主要包括补水系统、集鱼池等。

4.3.6　美国上贝克坝浮表面收集器

另外，2012 年美国上贝克坝首次建成了下行过鱼的浮表面收集器（floating surface collector，FSC）之后迅速在美国其他大坝推广。FSC 主要由拦鱼网，集鱼平台，暂养池，驱赶设施、转移船，提升设施、运鱼设施组成。与乌东德过鱼设施不同，FSC 是帮助鲑幼鱼下行过坝，但其设施设计、附属设施等也可提供一定参考。

4.4 案例分析

4.4.1 集运鱼系统分类

根据案例调研情况可见，集运鱼系统形式多种多样，按照集鱼设施的机动性可分为两大类，移动式和固定式，国内集运鱼系统工程大多采用移动式，国外则大多采用固定式，见表 4.7。

表 4.7　集运鱼系统集鱼设施的分类

类别	工程	备注
移动式	科切托夫斯基集运鱼船	自带动力
	彭水水电站集运鱼系统	不具自航能力，靠运鱼船顶推移动
	冲乎尔水电站集运鱼系统	不具自航能力，靠 4 台绞车移动
	马马崖一级水电站集运鱼系统	不具自航能力，靠抛锚和锚机移动
	龙开口水电站集运鱼系统	不具自航能力
固定式	下贝克坝集运鱼系统 明托集运鱼系统 泥山坝集鱼系统	修建在河道岸边，配合滚水坝作业
	福斯特坝集运鱼系统	修建在大坝

各种集运鱼系统中，按照运鱼设施的形式又可分为船运、车运及船运+车运 3 类，其中船运适合使用在具有通航建筑物的大坝中，而对于不具备通航建筑物的工程，则一般采用车运方案，部分采用车+船联运形式。运鱼设施的分类见表 4.8。

表 4.8　集运鱼系统运鱼设施的分类

类别	工程	备注
船运	彭水水电站集运鱼系统	通过船闸、升船机过坝
车运	冲乎尔水电站集运鱼系统	通过码头转运至运鱼车运输过坝
	马马崖一级水电站集运鱼系统 龙开口水电站集运鱼系统 下贝克坝集运鱼系统 明托集运鱼系统 福斯特坝集运鱼系统 泥山坝集运鱼系统	通过运鱼车运输过坝
船运＋车运	科切托夫斯基集运鱼船	集鱼船中的鱼先通过转运船转运至码头，再通过运鱼车运输过坝

4.4.2 经验总结

本书搜集已实施工程案例的运行情况及过鱼效果，对集运鱼系统的设计、运行、集鱼效果、管理等进行分析总结，主要经验总结如下。

（1）集鱼地点。鱼类在河道及大坝坝下一般呈“斑块状”或“簇状”分布，不同区域由于水力学、饵料生物、底质等条件的不同鱼类密度呈现很大差异。集鱼地点是否处在适合的鱼类密集区直接关系到集鱼效果优劣，是集鱼系统设计的最关键环节。针对洄游鱼类，在繁殖季节一般具有逆流上溯的习性，会沿来水逆流洄游至阻隔障碍物，因被泄水吸引，一般会聚集在流量较大的常泄水建筑物下方，例如电站尾水区。因此，和鱼道、升鱼机等其他过鱼设施相似，集运鱼系统的最佳集鱼地点是在电站尾水附近。

（2）拦鱼设施。如果受工程条件限制，集鱼地点无法布置在坝下（鱼类上溯的最终点），则应将集鱼地点布置在鱼类的主要上溯路径上，并且配合有效、可靠的拦鱼设施，以阻挡鱼类越过集鱼口，提高集鱼效率。因为，鱼类一旦越过集鱼口，会沿水流继续上溯最终来到坝下，再次寻找到进鱼口的概率极低。对于在下游河道进行集鱼的集鱼设施，配合有效的拦鱼设施是保障其集鱼效果的关键措施。

（3）诱鱼措施。从国内外已实施的过鱼设施案例来看，对于鱼类最有效的诱鱼措施就是提供有效的诱鱼水流，诱鱼效果与诱鱼水流流量呈正相关关系。此外，国内外学者也对声、光、电、气各种辅助诱鱼手段开展了研究，总体上这些辅助措施对诱鱼效果的有效性与鱼类的种类相关，不同的种类可能对于同一种措施具有不同的趋性。

（4）运鱼方式。选择何种运鱼方式一般与当地公路、水路运输条件有关，对于具备通航建筑物的工程，可采用船舶运输方式，对于没有通航建筑物的工程，则采用公路运输方式。目前活鱼运输技术已较为成熟，各种运鱼方式均能够保障鱼类的安全健康。

4.4.3 影响集鱼效果的主要因素

通过对国内外集运鱼系统运行情况进行调研分析，影响集鱼效果的主要因素包括以下几个方面。

（1）集鱼地点限制。坝下尾水区一般是鱼类最密集的区域，此处流速较大，流态紊乱。但对于移动式集鱼设施，一般要求其航行路线及停泊水域流速平缓，流态稳定。因此，鱼类密集水域与集鱼平台（船）对作业水域的水力学要求互相矛盾，造成移动式集鱼设施难以在鱼类最密集水域开展集鱼作业。例如，彭水水电站集鱼平台就无法在电站尾水区安全航行及停泊作业，只能在流速较为平缓的码头、引航道等水域进行作业；马马崖一级水电站集鱼平台也面临相似的问题，集鱼平台难以到达急流水域作业，只能停泊在缓流回水区进行作业。对此，多位学者也提出相似意见，梁园园等（2014）指出大坝尾水处是鱼群最易聚集的地方，但河床多以乱石为主，容易卡锚，为了安全起见一般不在尾水处作业。郭坚等（2017）指出集鱼船（平台）难以在鱼类密集的急流水域作业。因此，移动式集鱼设施的作业水域与鱼类密集水域对水流要求的差异是影响移动式集鱼设施集鱼效果的最关键因素。

（2）噪声振动干扰。对于移动式集鱼设施而言，其诱鱼水流一般依靠水泵供给，水泵运转时产生振动和噪声，会引起鱼类的回避，影响集鱼效果。在实际工程中，由于集鱼平台（船）一般是钢板焊接的墙体，人在甲板上行走的振动和噪声都会影响集鱼效果。

（3）诱鱼范围有限。对于集鱼设施，如果采用水泵人工造流诱鱼，其流量一般较小，在自然河流中，仅能影响进鱼口以外很小范围的水域，无论是影响范围还是强度均难以和自然水流竞争，相对于整个河流断面太小，形成“针眼效应”，诱鱼效果有限。

（4）底层鱼类诱集难度大。由于集鱼设施一般深度有限，尤其是移动式集鱼设施，如集鱼平台和集运鱼船，一般吃水深度在 2.0 m 之内，其进鱼口和江底具有一定距离，造成一些沿江底上溯的鱼类难以感受到诱鱼水流。虽然有些案例设计有接底设施，但在水位变化条件下，为防止集鱼平台（船）搁浅倾覆，集鱼平台（船）一般须保持与江底留有一定间隙，尤其在“V”形河道中，更加难以时刻保持与江底的良好衔接，造成底层鱼类诱集难度加大。

（5）拦鱼设施实施难度大。在集运鱼系统的实施过程中，拦鱼设施往往实施难度较大，尤其在水流较急的水域。例如彭水水电站集运鱼系统原本设计有拦鱼设施，但实际河道中流速较大，拦鱼栅安装、维护难度均很大，而且对于通航河流，更是无法将河流全部拦截。马马崖一级水电站原设计中设有江侧拦鱼网，但由于水流过急，拦网被水流冲毁，后改成以气泡幕为主体的拦鱼措施。又如，西江长洲水利枢纽进鱼口设置了拦鱼电栅，初期运行时，电栅基础在泄洪期间也遭到了损坏。因此，综合来看，固定式的拦鱼设施如滚水坝，其结构及拦鱼效果相对稳定，拦鱼网、拦鱼电栅等拦鱼设施在急流河道中设施难度均很大。

（6）机械设备故障。对于集运鱼系统而言，很多集鱼过程依赖机械设备来运行，因此机械设备出现故障的概率相对较高，尤其是对于集运鱼平台（船）而言，其船体为钢结构，在长期运行后会产生一定的形变，一些运行相对精密的机械设备出现故障的概率就会增大。在已实施的几例实际工程中也发现这个问题。

4.4.4 可行的改进方向

根据对集运鱼系统相关经验的总结及影响集鱼效果的因素分析，本书提出了改善目前集运鱼系统集鱼效果的改进方向，见表 4.9。

表 4.9　集运鱼系统主要制约性因素及可能的改进措施

类型	主要制约性因素	原因	改进措施
移动式	作业地点限制	鱼类的分布规律和船舶的停泊条件存在矛盾，导致集鱼船难以到达鱼类密集水域进行集鱼作业	A 在下游满足停泊、航行条件的水域作业； B 采取可靠固定措施
	噪声振动干扰	水泵开启后振动和噪声较大，易引起鱼类的回避	A 避免采用水泵造流，尽可能引用自然来水； B 加强隔音降噪措施
	诱鱼范围有限	如果不在鱼类最密集水域，靠集鱼船主动诱鱼，无论是影响范围还是强度，难以和自然水流竞争，效率较低	A 增大补水流量； B 采用多种手段诱鱼； C 增加可靠的拦鱼设施
	诱集底层鱼类难度大	出于安全方面的考虑，船体难以接地，对底层鱼类诱集较弱	A 选择特定水域搁浅作业； B 随时调整作业地点
	拦鱼设施难以实施	流水江段拦鱼设施易被冲毁，维护难度大，影响通航	A 选择缓流江段设施； B 泄洪期间提前拆除
	易出现机械故障	船体易出现变形，导致精密的机械设备容易出现故障	A 简化流程，降低机械复杂程度； B 加强质量控制
固定式	集鱼地点	必须在鱼类密集的水域，紧邻坝下，或者人工制造鱼类无法逾越的障碍（滚水坝）	A 选择在鱼类密集水域； B 修建可靠的拦鱼措施
	诱鱼范围有限	在整个河段中，进鱼口相对较小，形成针眼效应	A 增加补水流量； B 尽可能邻近泄水建筑物

第5章 乌东德水电站集运鱼系统方案比选

5.1 引　言

在乌东德水电站的建设中，集运鱼系统方案的比选，旨在通过科学的评估和比较，选择出符合当地生态环境保护要求、能有效保护鱼类资源的方案。这不仅体现了我国在水电开发中坚持绿色发展理念的决心，也是对生态文明建设的积极响应。通过集运鱼系统的实施，可以最大限度地减少水电站建设对鱼类资源的影响，促进人与自然和谐共生，为实现可持续发展提供有力支撑。

5.2 设计条件

集运鱼系统需要主要基础资料包括地质、水文、气象、枢纽布置、施工条件、交通条件等，其中地质、水文、气象、枢纽布置、施工条件等基本设计条件在1.3小节和1.4小节中已有介绍，以下对集运鱼系统方案设计涉及的设计，如设计水位、交通条件等进行详细分析。

5.2.1 设计水位

1. 下游水位

1）白鹤滩水电站运行前

下游白鹤滩水电站运行前，多年平均条件下，乌东德坝址下泄年均流量较建库前减少0.09%。5、8月下泄流量较建库前有所减少，1～4月、6月、12月流量较建库前有所增加，7月、9月、10月、11月下泄流量较建库前基本没有变化。相应水位总体和建库前差异不大，最大增量为1.6 m，最大减幅为1.4 m，全年各月下游平均水位及90%频率水位范围见图5.1。

56年系列中出现弃水年数为33年，根据水库调度计算结果，工程弃水时间全部集中在7～10月，多年平均弃水旬数为1.8旬，P=50%典型年仅7月产生弃水，流量为614 m^3/s。

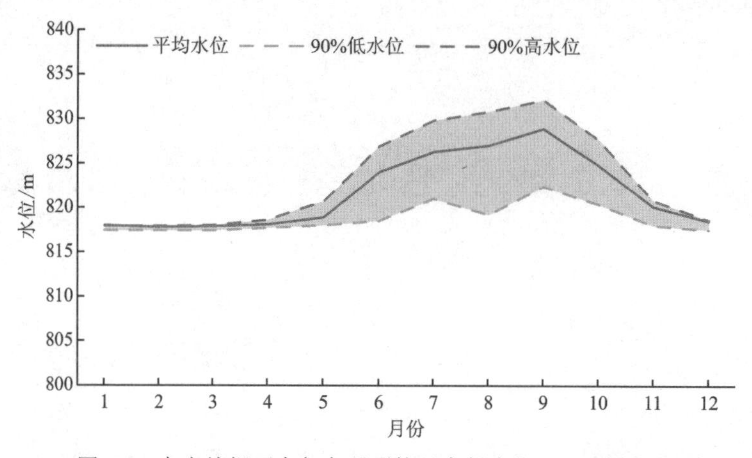

图 5.1　乌东德坝下全年各月平均及高低水位（90%频率）

2）白鹤滩水电站运行后

下游白鹤滩水电站建成运行后，其调度原则为：水库 6 月从死水位 765 m 开始蓄水，蓄至防洪限制水位 785 m，6～8 月水库按汛期分期水位控制方式运行（即在 6～7 月维持防洪限制水位 785 m，8 月上旬开始按每旬抬高 10 m 的方式控制蓄水），9 月上旬水库可蓄至正常蓄水位 825 m，12 月左右水库开始供水，到次年 5 月底库水位消落至死水位 765 m（图 5.2）。因此，枯水期白鹤滩库区水位将与乌东德库尾水位衔接，主要影响时间为 10 月～次年 3 月。

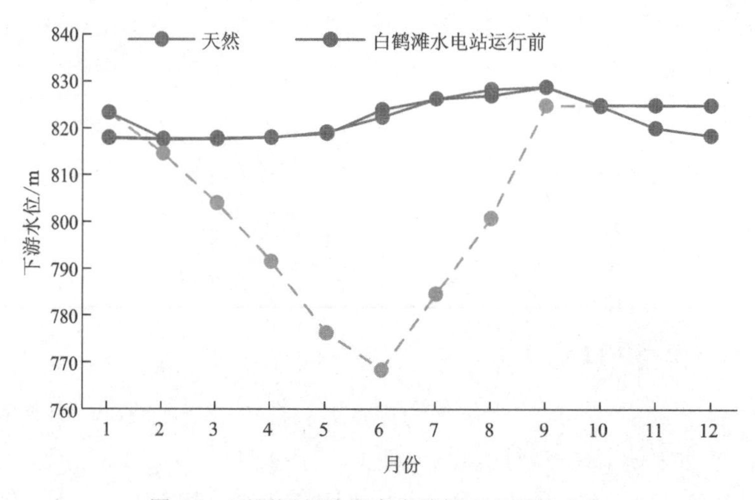

图 5.2　不同运行阶段乌东德坝下月平均水位

乌东德水电站下游特征水位见表 5.1，根据鱼类的主要过鱼季节 3～7 月，对下游水位进行排频，90%保证率的最高和最低水位分别为 826.00 m 和 817.50 m，对应流量分别为 6 450.4 m^3/s 和 1 946.5 m^3/s，相应机组开启数量分别为 10 台和 3 台，水位差为 8.5 m。

表 5.1　乌东德水电站各工况下游特征水位

特征水位	取值依据	流量/（m^3/s）	对应机组数	水位/m
最低水位	3～7 月最小生态流量对应水位	1 160.0	2 台	815.19
设计低水位	主要过鱼季节（3～7 月）90%保证率低水位	1 946.5	3 台	817.50
设计高水位	主要过鱼季节（3～7 月）90%保证率高水位	6 450.4	10 台	826.00
机组满发水位	12 台机组满发对应下游水位	8 293.2	12 台	828.56
设计洪水位	1 000 年一遇（$P=0.1\%$）洪水	33 698	—	849.73
校核洪水位	5 000 年一遇（$P=0.02\%$）洪水	37 362	—	852.04

2. 库区水位

乌东德库区特征水位见表 5.2。

表 5.2　乌东德水电站上游特征水位

运行水位	水位/m	备注
死水位	945.00	—
防洪限制水位	952.00	—
正常蓄水位	975.00	设置初期运行控制水位 965 m
设计洪水位	979.38	$P=0.1\%$
校核洪水位	986.17	$P=0.02\%$

根据调度要求，平水年，6～8 月，因防洪要求，需腾空库容。6 月上旬，水库依然在正常蓄水位运行，至 6 月中旬库水位降至 967.5 m，6 月下旬，坝前水位逐渐降低至 958.0 m；7 月，水库均在 952.0 m 水位运行，8 月水位逐渐抬升，至 8 月末抬升至 971.0 m。9 月，水库按正常蓄水位运行，但由于库区上游来流相对丰水年 9 月较小。10 月、11 月，坝前水位维持在 975.0 m 运行；12 月～次年 3 月水位基本都维持在 973.9 m 以上运行。乌东德库区水位过程如图 5.3 所示。

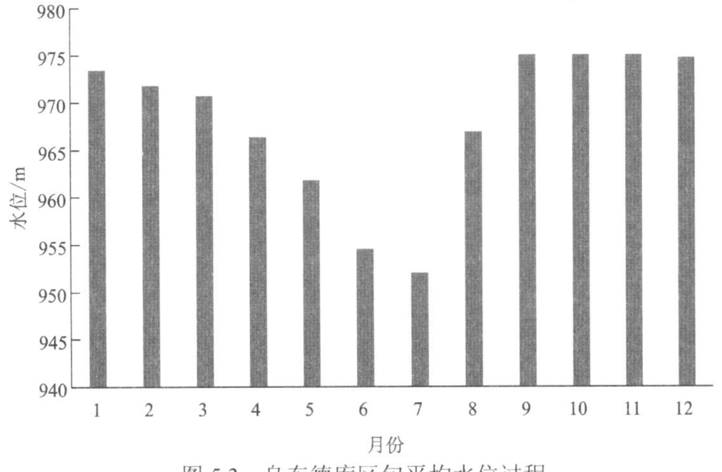

图 5.3　乌东德库区旬平均水位过程

根据以上对乌东德坝下及库区水位过程及频率的分析，乌东德水电站集运鱼系统的运行水位见表 5.3。

表 5.3　乌东德水电站集运鱼系统设计运行水位

设计运行水位		水位/m	流量/（m^3/s）	变幅/m	最大水头/m	取值依据
下游	低水位	817.5	1 946.5	8.5	157.5	主要过鱼季节 3～7 月 90%保证率低水位
	高水位	826.0	6 450.4			主要过鱼季节 3～7 月 90%保证率高水位
上游	低水位	952.0	—	23.0		防洪限制水位
	高水位	975.0	—			正常蓄水位

5.2.2　交通条件

集运鱼系统的功能很大程度上依赖于交通运输，因此坝上、坝下及库区的交通条件是集运鱼方案选择、选址、线路设计等的重要依据。乌东德坝下及库区交通条件分析如下。

1. 公路交通

金沙江南、北两岸现有多条公路通往乌东德坝址附近，南岸以昆明作为人员往来和外来物资集散地，北岸以攀枝花和西昌作为人员往来和外来物资集散地。

1）坝下

乌东德坝下沿江道路分布有左岸：S310 省道（葫芦口—会理）、白鹤滩进场公路（葫芦口—白鹤滩坝址）、葫芦口—金东县道（一小段在云南侧）、乌东德对外交通辅助道路（会东—乌东德坝址）。右岸：S303 省道（巧家—蒙姑）。沿江道路分布如图 5.4、图 5.5 所示。但乌东德坝址至田坝村并无沿江道路，从坝下沿江道路至坝址须绕经昆明，路线约 450～600 km，耗时约 12～15 h。

2）库区

乌东德库区沿江道路主要分布在库中以上，右岸沿江道路相对左岸发达，右岸勐果河口以上基本具有沿江道路，左岸沿江道路主要分布在子石坝以上。乌东德坝址至库中及库尾的公路路线如图 5.6 所示。

从乌东德坝址至左岸线路距离在 200～250 km，耗时约 6～8 h，右岸线路距离在 300～350 km，耗时约 10～12 h。

图 5.4　乌东德至白鹤滩两岸沿江道路分布情况

图 5.5 乌东德坝址至坝下两岸沿江公路线路

图 5.6　乌东德坝址至库中及库尾公路线路

2. 坝下航运交通

1）航运条件

白鹤滩水电站库区有 62 处主要滩险，著名的有“滩王”老君滩（图 5.7、图 5.8）和白鹤滩，目前为不通航河段。

白鹤滩水电站库区航运设施主要为沿江的渡口、码头，码头有 29 个，其中车渡码头 5 个，人渡码头 24 个。

2）白鹤滩水库成库后航运条件

白鹤滩水库死水位 765 m，回水至普渡河河口上游约 2.5 km 处的 J77 断面(四斗种)，水库常年回水区为坝址至 J77 断面河段，全长约 145 km。变动回水区为 J77 断面至乌东德坝址河段，全长约 38 km（图 5.9）。著名的“滩王”——老君滩即位于该河段内。

图 5.7　老君滩航拍

图 5.8　老君滩实景

白鹤滩水库死水位 765 m 时，常年回水区淹没 52 处主要滩险，形成水深大、水流平缓的库区航道，但河道转向多且转弯半径小、局部河段岸坡稳定性较差，在不考虑库区两岸滑坡、坍塌堆积体、危岩体等因素的情况下，常年回水区河段基本能达到航道尺度要求。

从白鹤滩水库水位变化分析，每年 9 月到次年 3 月白鹤滩水库维持高水位（801.6 m 以上）运行，库区内变动回水区的航道条件有所改善；而当库水位消落至死水位 765 m 附近时，变动回水区河段处于天然状况，通航条件与白鹤滩水库蓄水前相同，河段内河底高程沿程变化明显，水流湍急，流态紊乱，不能满足通航要求。

图 5.9　白鹤滩水库回水范围示意图

3. 库区航运交通

1）现状航运条件

乌东德库区河道狭窄，险滩众多，流态复杂，库区河道内主要滩险约59处，目前为不通航河段。

库区有汽渡码头3处、客运码头1处。汽渡码头分别为云南省元谋江边龙街汽渡码头，四川省会理鱼鲊汽渡码头及攀枝花仁和拉鲊汽渡码头；客运码头为元谋江边客运码头。

2）乌东德水库成库后航运条件

乌东德水电站水库最大回水至雅砻江口，全长约 200 km，其中常年回水区长约153 km，变动回水区长约 47 km。乌东德水库常年及变动回水区见图 5.10。

乌东德水电站建库后，库水位消落至 945 m 时，常年回水区淹没滩险 51 处，江面宽约 300～1 300 m，将形成水深大，水流平缓的库区航道。但部分河道转向多且转弯半径小、岸坡稳定性较差。从水库地形资料分析，乌东德水库死水位 945 m，在不考虑库区两岸滑坡、坍塌堆积体、危岩体等因素的情况下，常年回水区河段基本能达到通航要求。

对于变动回水区，当水库维持高水位（972 m 以上）运行，库区内变动回水区的航道条件将有所改善；而当库水位消落至 952 m 附近时，变动回水区河段处于天然状况，通航条件与水库蓄水前相同，河水流湍急，流态紊乱，不能满足通航要求。

图 5.10　乌东德水库回水范围示意图

5.3　集运鱼系统比选方案

乌东德水电站最大坝高 270.0 m，最大水头 163.4 m，且不具备通航建筑物，因此鱼类转运过坝无法采用船舶运输方案。在方案比选中，过坝及运输放流方案基本可保持一致，区别主要是集鱼方案的不同。

根据集运鱼系统的不同类型，结合国内外案例经验，提出移动式和固定式，集鱼船、集鱼平台、岸边集鱼站及尾水集鱼设施 2 类 4 种集运鱼系统建设方案，分述如下。

5.3.1　移动式方案 1：集鱼平台方案

1. 方案系统组成及运行方式

方案系统包括集鱼平台、拦鱼设施、辅助码头等。

本方案集鱼流程为：①使用绞车通过缆绳将集鱼平台定位在斜坡码头的适宜水深处→②连接并开启拦鱼电栅，将本江段拦截，使集鱼通道成为唯一通路→③开启集鱼平台的补水设施，开展集鱼作业→④集鱼完成后，通过集鱼平台的拖曳格栅，将鱼类汇集至集鱼箱中→⑤运鱼车通过斜坡码头行驶至集鱼平台侧面，通过随车起重机将集鱼箱转移至运鱼车中→⑥运鱼车通过连接道路及过坝公路将鱼类运输过坝。

2. 选址及布置

1）选址

集鱼平台作业区域的选择应满足鱼类洄游、交通运输及度汛安全要求。由于金沙江水流流速大，所以集鱼平台作业水域需选择在江面相对开阔，水流相对平缓的区域，根据此原则，坝下有两个区域初步满足条件，一是乌东德大桥下右岸的回水区，二是施工期鱼类增殖放流站附近，两处位置的比较见表 5.4。

表 5.4　集鱼平台选址对比表

选址	乌东德大桥下	鱼类增殖放流站
位置		
现场照片		
优点	距离大坝更近	距离增殖放流站较近，方便鱼类暂养运输
缺点	泄洪时集鱼平台难以上岸，存在安全风险	—

根据以上对两处选址的比选，乌东德大桥下因岸坡陡峭，难以修建斜坡码头将集鱼平台转移上岸，在汛期难以保证集鱼平台及作业人员的安全。施工期江面相对开阔，岸坡较缓，具备布置集鱼平台的条件，因此集鱼平台方案推荐选址在施工期鱼类增殖放流站附近。

2）布置

斜坡码头布置在河道右岸，沿岸坡结合高程布置，连接道路起点为增殖放流站沿河侧，全长约 200 m，与斜坡码头连接。总体布置见图 5.11。

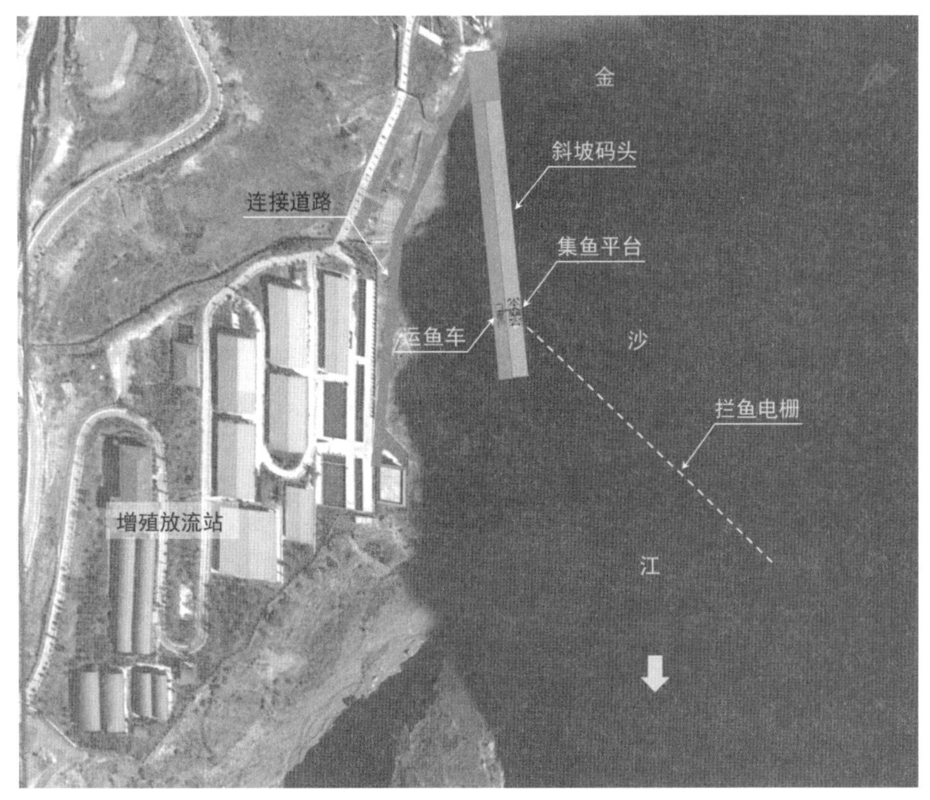

图 5.11　集鱼平台方案平面布置图

3. 设施设计

1）集鱼平台

（1）船型。集鱼平台由双片体组成，为直型首、方艉、双舵桨钢质船，采用单底、单甲板、全电焊钢质横骨架式结构。

（2）主尺度。集鱼平台总长 $L_{OA}=23.50$ m，设计水线长 $L_{WL}=23.50$ m，型宽 $B=10.40$ m，型深 $D=2.60$ m，设计吃水 $d=1.60$ m，肋骨间距 $s=0.50$ m，梁拱 $f=0.20$ m，过鱼通道宽 $b=2.40$ m，主甲板至顶棚甲板层高 0～2.40 m。

（3）总布置。集鱼船主甲板为连续甲板，在双片体间设过鱼通道，通道底板采用不锈钢网格板。在主甲板上设有一层甲板室。在二层甲板室艉部船舯处设 5 t 电动液压伸缩起重机一台，用于将网箱从集鱼船吊运至运鱼船的暂养鱼舱。

在过鱼通道艉部附近设导鱼格栅一个，艏部设网箱一个，沿过鱼通道从入口端至网箱前设置一套赶鱼电栅系统。当鱼进入过鱼通道后，用吊机将船艉网箱放下，用赶鱼电栅将鱼沿通道赶至网箱内。

在主甲板尾部设两个推架，在集鱼平台需要移动时与工作船首端部的顶推架配合作业。平台尾部设有两台可伸缩式挂桨，用于集鱼平台在小范围内移动及调整方位，利于集鱼作业；挂桨推进时可用电动液压伸缩起重机将网箱提升至水面以上，减少航行阻力。

集鱼平台结构及布置见图 5.12～图 5.14。

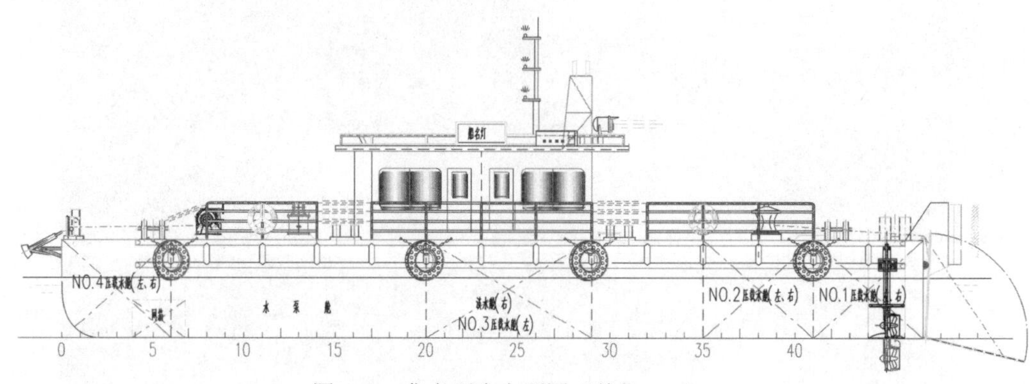

图 5.12　集鱼平台立面图（单位：m）

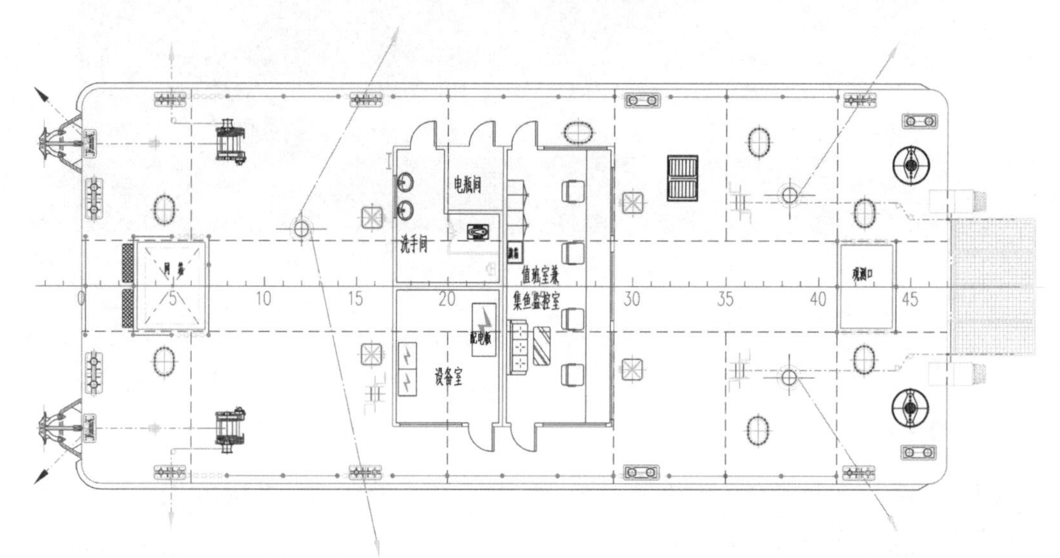

图 5.13　集鱼平台主甲板布置图（单位：m）

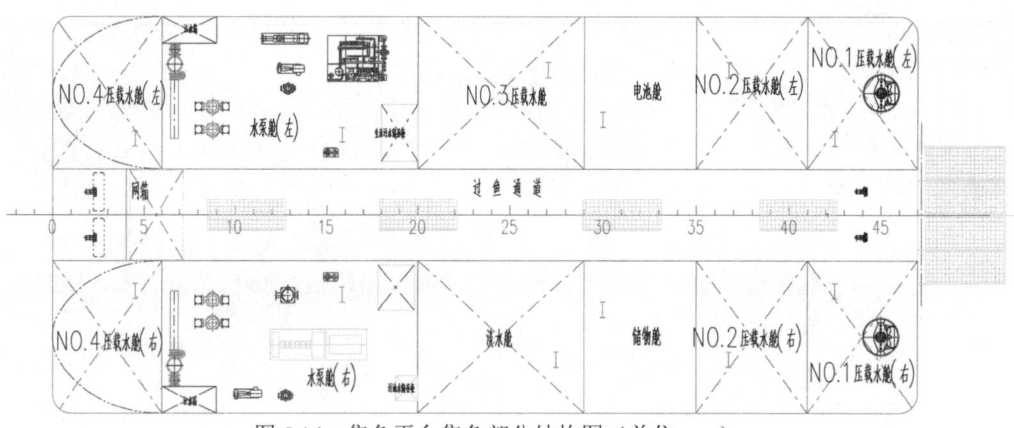

图 5.14　集鱼平台集鱼部分结构图（单位：m）

2）拦鱼设施

拦鱼电栅是根据鱼类在水下电场作用下的感电效应，采用对鱼类刺激较强，但对鱼类无任何伤害的高压脉冲电，通过水下电极建立起迫使鱼类产生回避反应的水下电场来防止鱼类进入危险水域。

拦鱼电栅由电赶拦鱼主机、节点机、钢缆、电极及固定装置等组成，其安装方式如图 5.15 所示。

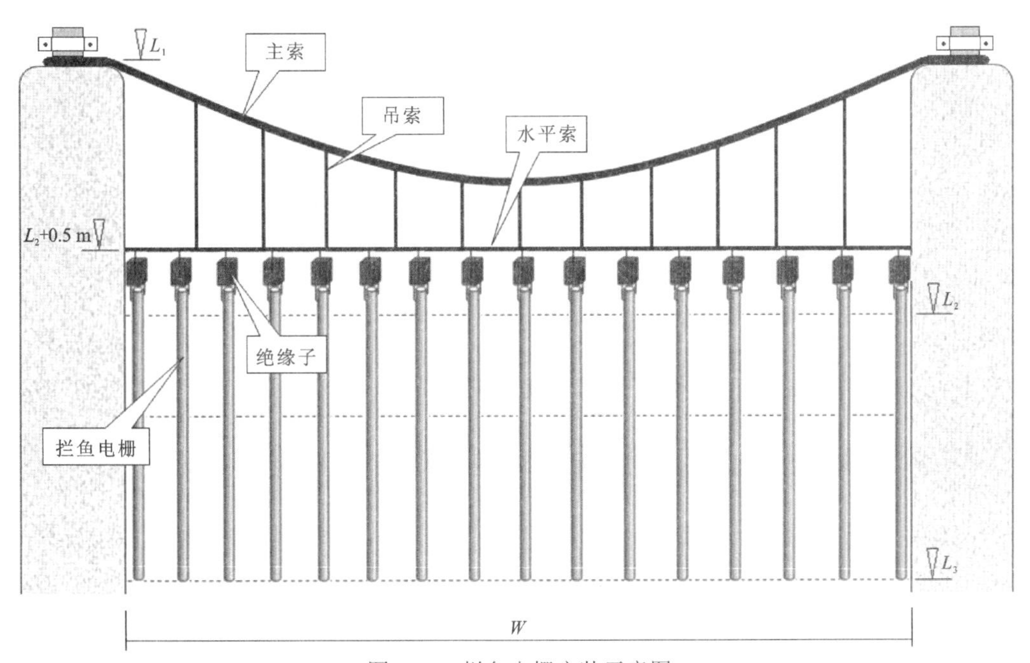

图 5.15　拦鱼电栅安装示意图

W：拦截宽度；L_1：岸边高程；L_2：最高水位高程；L_3：河底高程

3）辅助码头

为配合集鱼平台的作业，修建斜坡码头一座，码头包括度汛平台、车辆下河公路、集鱼平台作业斜坡、绞车系统、连接道路等组成。

集鱼平台作业时，根据当前水位调整位置，采用接底设施保持与斜坡的连接，使底层鱼类能够顺利发现进鱼口。集鱼完毕后，运鱼车通过集鱼斜坡旁的下河公路行驶至集鱼平台侧面，通过起重机将集鱼箱转移至运鱼车中，如图 5.16 所示。

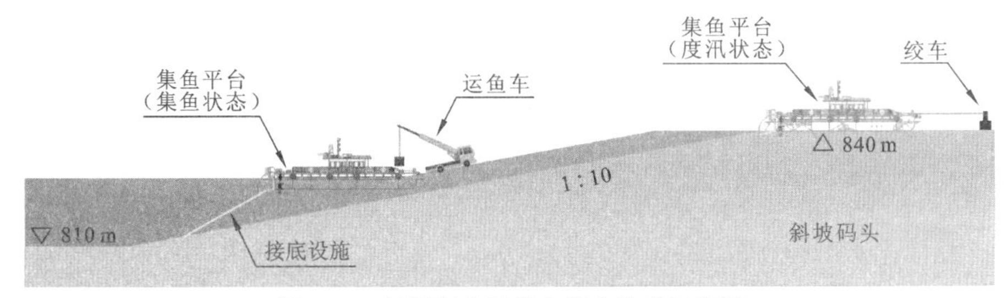

图 5.16　斜坡码头及集鱼平台作业示意图

在枢纽泄洪期间，为保证设备及人员安全，采用度汛平台上设置的绞车，将集鱼平台转移至安全高程，同时拆除拦鱼电栅。

4. 适用性分析

该方案的优点及限制因素分析见表 5.5。

表 5.5　集鱼平台方案适应性分析

项目	移动式方案 1：集鱼平台方案
相对现有技术的改进	① 配备斜坡码头，利于底层鱼类上溯； ② 增加拦鱼电栅； ③ 汛期集鱼平台可提至平台顶端度汛，增加安全性
优点	距离增殖放流站较近，方便鱼类暂养和运输
制约因素	① 补水诱鱼设备易产生噪声震动，集鱼效果不确定； ② 集鱼平台需频繁根据水位变化调整位置； ③ 集鱼效果依赖拦鱼设施，河道流速大，拦鱼电栅难以安装； ④ 枢纽泄洪期间，拦鱼电栅需要收起，电栅基础也易损坏

5.3.2　移动式方案 2：集鱼船方案

1. 系统组成及运行方式

方案系统包括集鱼平台、拦鱼设施、辅助码头等。

集鱼平台集鱼流程为：①集鱼船定位→②拦鱼设施安装→③集鱼船集鱼作业→④集鱼船行驶至转运码头→⑤在码头将鱼类转运至运鱼车→⑥运鱼车行驶过坝。

2. 选址及布置

1）集鱼船作业水域

根据 5.2.2 小节对坝下航行条件的分析，白鹤滩水电站蓄水前，乌东德坝下至白鹤滩坝址区间不具备通航条件，因此集鱼船无法在该江段航行，只可在选择区间内的缓流水域作业，如码头附近，同时在汛期要加强集鱼船的管理和维护，以免汛期出现安全事故。

白鹤滩水电站蓄水后，常年回水区长度 145 km，变动回水区 38 km，主要过鱼季节 3～7 月，乌东德坝下 38 km 变动回水区河段基本处于自然河流状态，不具备通航条件，因此集鱼船可作业区段为白鹤滩坝址至四斗种 145 km 长的江段，见图 5.17。

2）码头选址

码头可与乌东德水电站翻坝码头结合布置，选址在常年回水末端五丘田村，如图 5.18 所示。

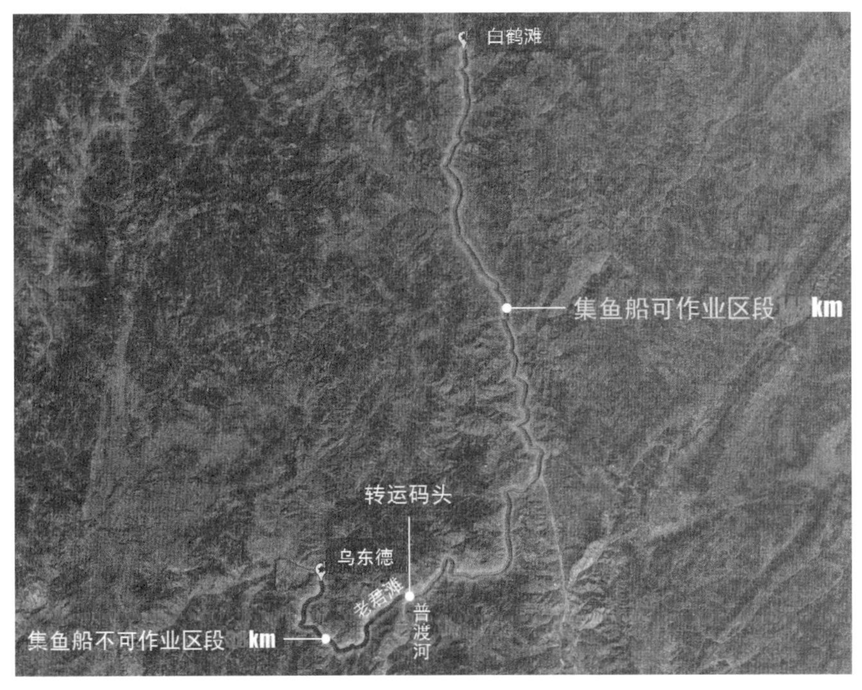

图 5.17　集鱼船可作业范围

图 5.18　集鱼船方案码头选址及运输路线

3. 设施设计

1）集鱼船

（1）船型。集鱼船为前倾艏、隧道艉、双机双桨双舵钢质船，采用全电焊横骨架式结构，在主甲板上设两层甲板室（图 5.19～图 5.21）。

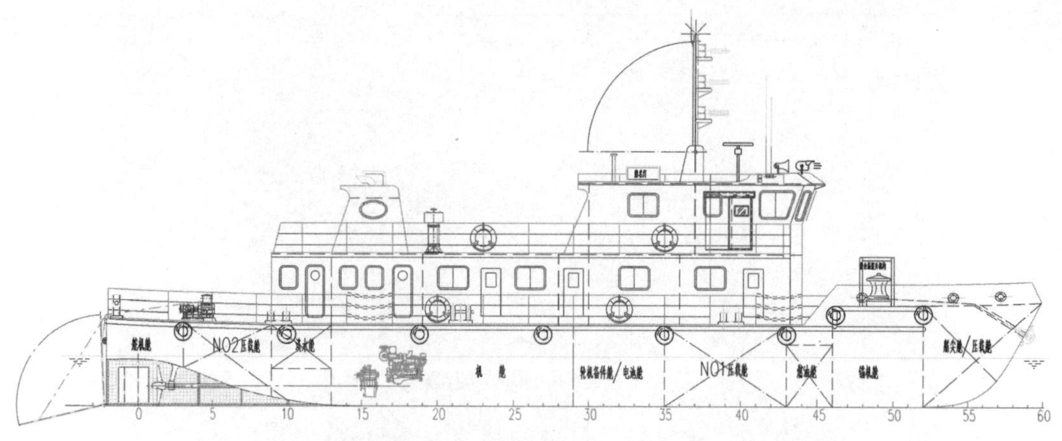

图 5.19　集鱼船立面图（单位：m）

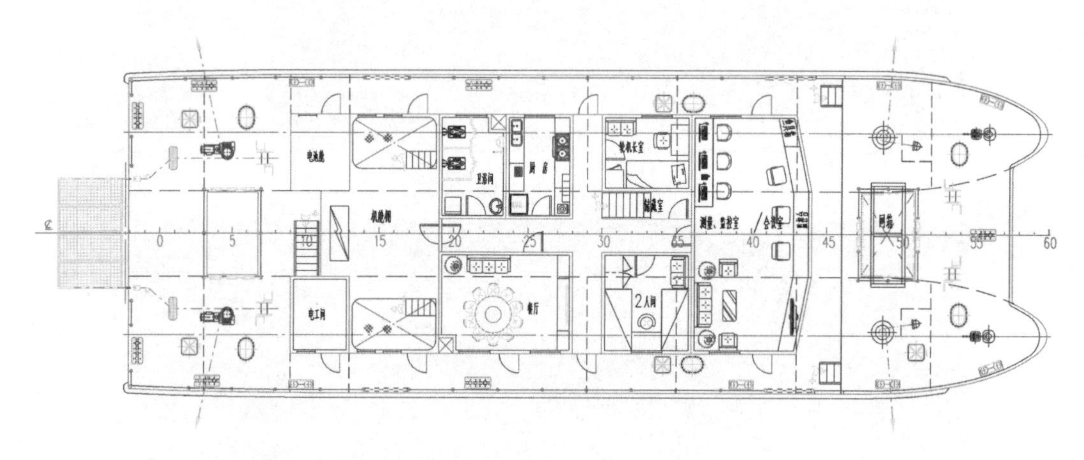

图 5.20　集鱼船主甲板布置图（单位：m）

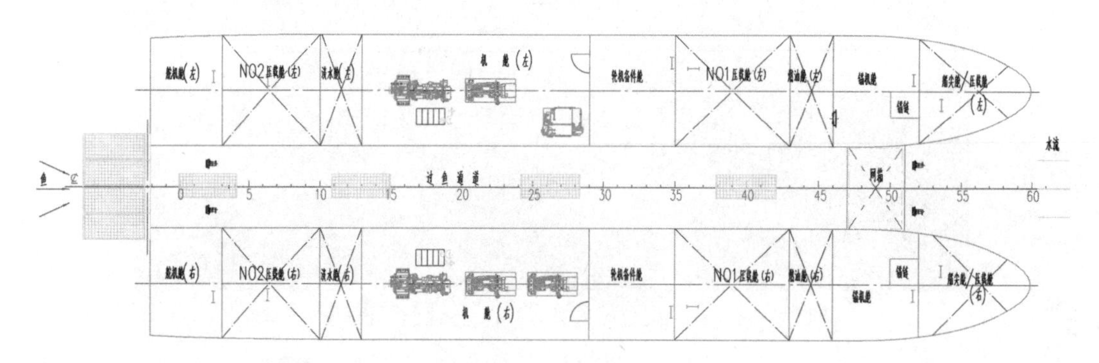

图 5.21　集鱼船集鱼部分结构图（单位：m）

（2）主尺度。总长 L_{OA}=30.00 m，设计水线长 L_{WL}=29.00 m，船宽 B=7.80 m，型深 D=2.50 m，设计吃水 d=1.50 m，肋骨间距 s=0.50 m，主甲板至驾驶甲板层高 2.40 m，驾驶甲板至顶篷甲板层高 2.40 m。

2）拦鱼设施

由于集鱼船需要频繁移动作业地点，所以拦鱼设施须设计为可拆卸式，可移动型。因此，拦鱼设施采用物理拦网，通过配合小艇在作业时布设，在需要时拆卸进行维护和保养。

3）辅助码头及公路

下游转运码头采用分级直立式平台结构，为配合码头运输，沿左岸须新建翻坝公路 39.8 km，新建段起点位于乌东德大桥左岸桥头（高程 859 m），与现状场内道路顺接，终点位于五丘田翻坝码头，新建段长约 32.4 km，沿线共设置桥梁 20 座，隧道 8 座，全线桥隧比 67.1%。

4. 适用性分析

该方案的优点及限制因素分析见表 5.6。

表 5.6　集鱼船方案适应性分析

项目	移动式方案 2：集鱼船方案
相对现有技术的改进	① 增加动力配置，使集鱼船能够自主航行； ② 增加拦鱼设施
优点	① 集鱼地点相对灵活，可调整
制约因素	① 白鹤滩水电站蓄水前，不具备航行条件； ② 白鹤滩水电站蓄水后，坝下 38 km 江段无法进行集鱼作业； ③ 翻坝公路建成前，转运路线长达 516 km，耗时长达 13.5 h； ④ 集鱼后集鱼船转运至码头，集鱼不连续； ⑤ 集鱼效果依赖拦鱼设施，拦鱼设施难以实施，阻碍船舶通航； ⑥ 库区水深较大，对底层鱼类诱集效果尚难以确定； ⑦ 噪声震动影响难以消除； ⑧ 运行复杂，成本极高

5.3.3　固定式方案 1：下游河道集鱼站

1. 系统组成及运行方式

下游河道集鱼站由进鱼口、鱼道段、集鱼通道、提升设施、转运分拣设施及运鱼车等组成。

本方案集鱼流程为：①连接并开启拦鱼电栅，将本江段拦截，使得鱼道进口成为唯一通路→③开启集鱼站的补水设施，水流通过鱼道下泄至河道，开展集鱼作业→④集鱼完成后，通过集鱼通道设置的拖曳格栅，将鱼类汇集至集鱼箱中→⑤运鱼车通过斜坡码头行驶至集鱼转运平台，通过随车起重机将集鱼箱转移至运鱼车中→⑥运鱼车通过连接道路及过坝公路将鱼类运输过坝。

2. 选址及布置

固定式集鱼站方案选址同移动式方案 1：集鱼平台方案，选址位于施工期增殖放流站下方。

3. 设施设计

1）鱼道段

为满足水位变化，集鱼系统设置鱼道段，全长约 300 m，采用垂直竖缝式结构，宽 2.0 m，设置高低水位 2 个进鱼口，鱼道段与集鱼通道相连。

2）集鱼系统

集鱼系统采用水流诱鱼，由进鱼口、鱼道段、集鱼通道、防逃格栅、集鱼池、拖曳格栅、提升箱、接底设施、补水设施等组成。集鱼通道长约 15 m，集鱼池 2 m×2 m。根据下游水位不同，补水流量约 1.0～6.0 m^3/s，集鱼系统结构见图 5.22 和图 5.23。

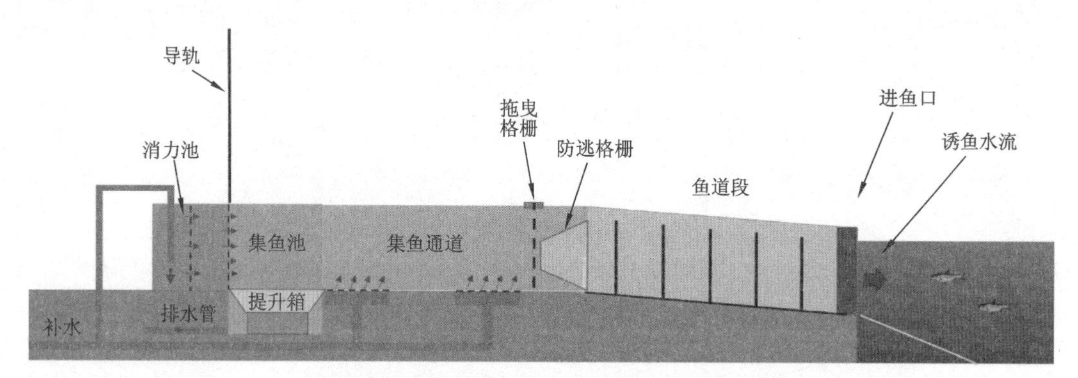

图 5.22　集鱼系统结构组成示意图（剖面图）

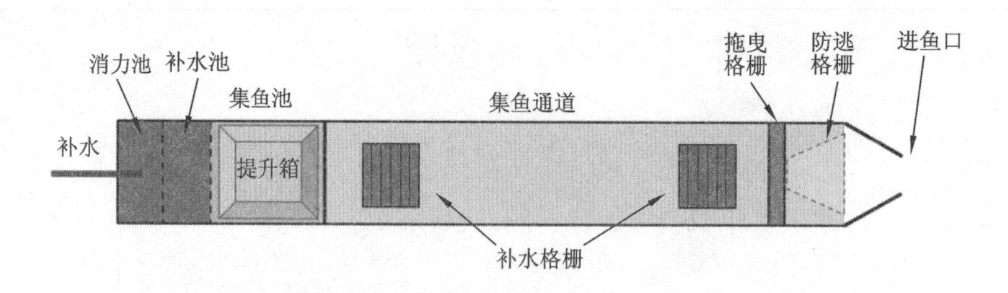

图 5.23　集鱼通道结构组成示意图（俯视图）

3）适用性分析

河道集鱼站方案的优点及限制因素分析见表 5.7。

表 5.7　固定式方案 1：下游河道集鱼站方案适应性分析

项目	固定式方案 1：下游河道集鱼站方案
相对现有技术的改进	① 增加鱼道段，以提升水位变化适应能力，并适当减小补水流量
优点	① 汛期相对安全； ② 结构稳定，不易出现故障
制约因素	① 下游水位变幅巨大，对补水流量要求极高，须修建泵站； ② 集鱼效果依赖拦鱼设施，河道流速大，拦鱼设施难以安装； ③ 枢纽泄洪期间，拦鱼电栅需要收起，电栅基础也易损坏

5.3.4　固定式方案 2：尾水集鱼设施

5.3.3 小节分析对于固定式集鱼设施，最好的集鱼地点是鱼类上溯的终点，也就是坝下厂房尾水处，本方案将集鱼设施布置在电站尾水，由于乌东德水电站尾水洞分居左右两岸，所以本方案在左右岸分别采用集鱼箱、固定集鱼站+集鱼箱的集鱼方式。

1. 系统组成

尾水集鱼设施由右岸尾水集鱼站、尾水集鱼箱、提升系统、分拣装载系统等部分组成。

2. 集运鱼方式

集运鱼系统的过鱼流程分为：①使用门机通过轨道将尾水集鱼箱定位至适宜水深处→②利用发电尾水进行诱鱼集鱼（右岸尾水集鱼系统、尾水集鱼箱）→③集鱼完成后，通过提升系统将集鱼箱提升至尾水平台→④通过门机将集鱼箱转移至分拣站，将收集的鱼类根据过鱼目的按照种类、规格进行分类，并转入暂养池中→⑤专用运鱼车行驶到分拣站下方，将鱼类装载入运鱼箱中→⑥运鱼车将鱼类运输过坝。

3. 选址及布置

根据对坝下鱼类分布和上溯路径的研究结果，主要过鱼类群——喜流性鲤科鱼类主要分布在左右两岸尾水区，因此集鱼系统设在两岸尾水区，最大限度利用鱼类对发电尾水的趋向性进行集鱼。集鱼系统包括左岸尾水集鱼箱、右岸尾水集鱼箱及右岸固定集鱼站。

提升运输系统采用门机提升，布置在左右岸尾水平台。两岸均设有分拣装载站，左岸分拣装载站设在尾水平台右侧，右岸分拣装载站设在尾水平台左侧。

补水系统采用管道引水，取水点位于电站引水口下游侧，管道沿岸坡布置，接入集鱼系统补水调节池。整体布置见图 5.24。

图 5.24　乌东德水电站集运鱼系统整体布置图

4. 设施设计

1）右岸固定集鱼站

右岸固定集鱼站布置在右岸 4#尾水洞左侧，右岸尾水和二道坝下缓流区的交接地带，利用 4#尾水洞的水流进行诱鱼，在不同朝向设有进鱼口，可以兼顾右岸尾水区的喜流性鱼类和二道坝下缓流性鱼类的集鱼需要。集鱼站由进鱼口、集鱼池、拦鱼栅、提升箱、提升轨道、提升桥机、检修门等组成。其布置及结构见图 5.25。

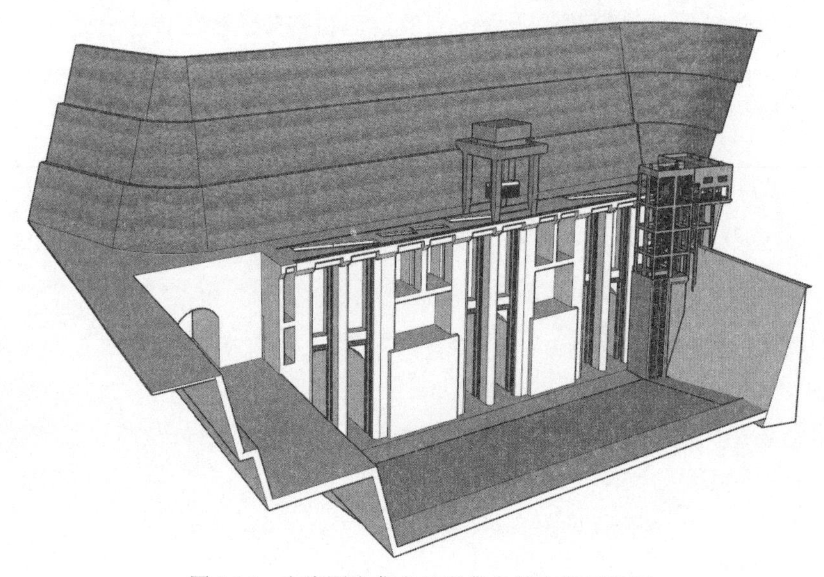

图 5.25　右岸固定集鱼站及集鱼箱布置示意图

2）左岸尾水集鱼箱

尾水集鱼箱系统主要针对圆口铜鱼、长鳍吻鮈等喜流性鱼类设计，利用电站发电时鱼类对尾水的趋流性进行集鱼。整个集鱼箱系统主要由尾水集鱼箱、下放轨道、提升门机等组成。单个集鱼箱宽 8 m，高 8 m，具备 2 个 0.2 m×1.5 m 的防逃进鱼口，集鱼箱内还设置不同的流速分区，能够满足鱼类长期停留的要求，集鱼箱底部设有存水区，存水深度 0.8 m，如图 5.26 所示。集鱼箱可在下放轨道内上下滑动，灵活控制作业深度，针对不同水层鱼类开展集鱼作业。

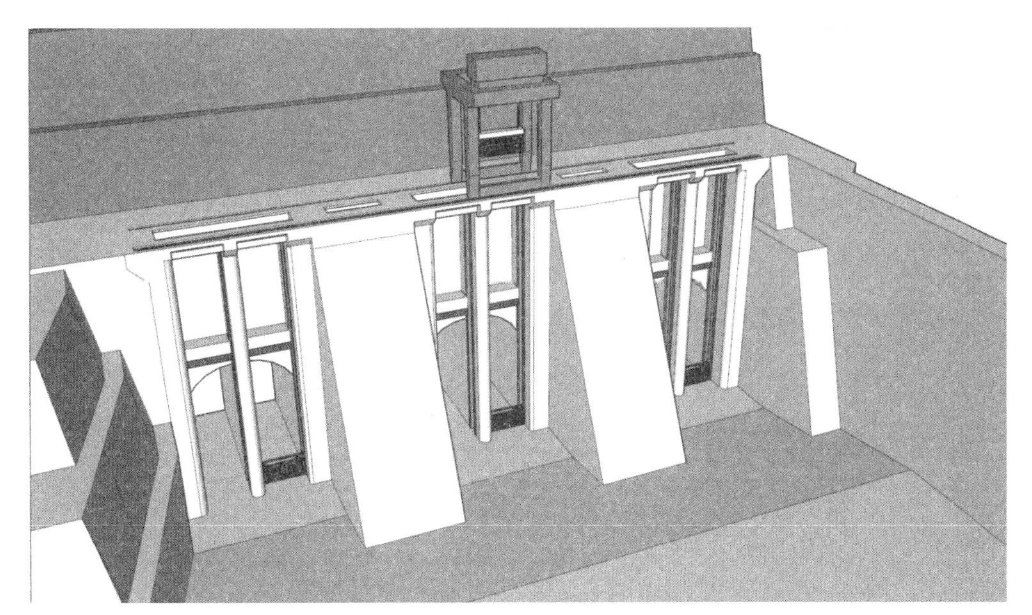

图 5.26　左岸尾水集鱼箱布置示意图

5. 适用性分析

尾水集鱼设施方案的优点及限制因素分析见表 5.8。

表 5.8　固定式方案 2：尾水集鱼方案适应性分析

项目	固定式方案 2：尾水集鱼方案
相对现有技术的改进	① 最大限度利用发电尾水诱鱼； ② 将集鱼设施布置在尾水洞口
优点	① 集鱼设施布置在鱼类最密集水域，不需要拦鱼设施； ② 集鱼设施布置在鱼类上溯的终点，最大程度帮助受到工程阻隔的鱼类； ③ 可以覆盖整个尾水区域； ④ 作业安全有保障
制约因素	两岸尾水塔、泄洪设施均已施工，施工条件受限

5.4 技术经济综合比选

5.4.1 综合比选体系

根据5.3节分析，提出的2类4种集运鱼系统建设方案均存在不同的优缺点，为从运行安全性、集鱼有效性、工程可行性、投资经济性、维护便利性等 5 个方面对集鱼系统方案进行更加科学的比选，建立了综合赋分比选体系，见表5.9和图5.27。

表 5.9 集鱼方案技术经济综合比选指标及权重分配表

指标	权重	二级指标	二级权重
运行安全性	30%	设备安全	40%
		度汛安全	30%
		人员安全	30%
集鱼有效性	30%	集鱼效果	60%
		运输效率	20%
		过鱼流程	20%
工程可行性	20%	施工难度	60%
		进度要求	40%
投资经济性	10%	投资	70%
		占地	30%
维护便利性	10%	便利程度	30%
		故障率	40%
		改造难易度	30%

5.4.2 指标分析

1. 运行安全性

安全性评价的主要指标包括设备安全、度汛安全及人员作业安全。4个比选方案运行安全性的评分见表5.10，可见固定式方案安全性较高。

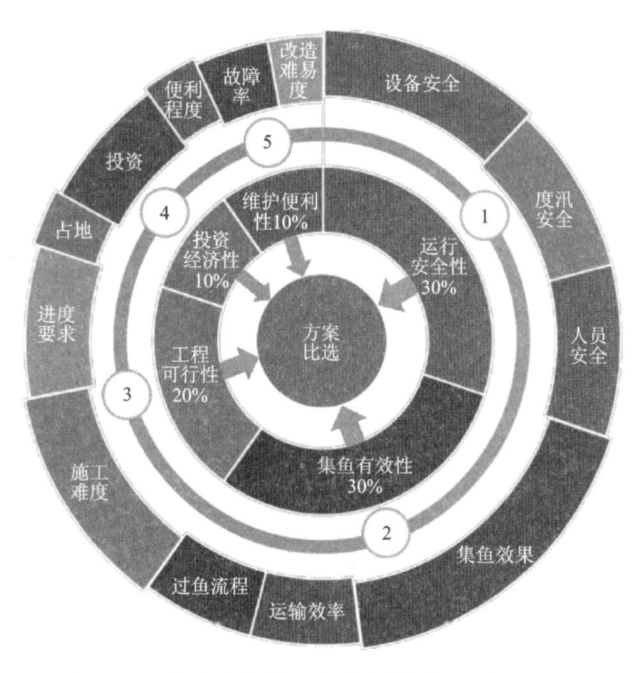

图 5.27　集鱼方案综合比选技术指标体系示意图

表 5.10　比选方案运行安全性分析及评分表

类型	权重	移动式方案 1 集鱼平台		移动式方案 2 集鱼船		固定式方案 1 下游河道集鱼站		固定式方案 2 尾水集鱼设施	
设备安全	40%	水位变化，易搁浅	3	航道条件差	3	固定设施，较安全	4	对发电尾水可能存在一定影响	3
度汛安全	30%	泄洪期无靠泊港口	2	须寻找地点躲避	2	在河道中，对行洪可能存在影响	4	箱体可提至尾水平台	5
人员作业安全	30%	水上作业，近岸	3	人员长期水上作业	2	岸上作业	5	全岸上操作	5
评分		2.7		2.4		4.3		4.2	

2. 集鱼有效性

集鱼有效性评价的主要指标包括集鱼效果、运输效率及过鱼流程的合理性。4 个比选方案集鱼有效性的评分见表 5.11，由表中可见，移动式方案的集鱼有效性较差，固定式方案的集鱼效果相对可靠。

表 5.11　比选方案集鱼有效性分析及评分表

类型	权重	移动式方案 1 集鱼平台		移动式方案 2 集鱼船		固定式方案 1 下游河道集鱼站		固定式方案 2 尾水集鱼设施	
集鱼效果	60%	集鱼地点相对固定，水位变幅大，拦鱼设施难以安装	2	集鱼地点可变，难以到达集鱼密集区作业，难以收集层鱼类	2	需配合拦鱼设施，适应较多种类	4	处在鱼类密集区，灵活调节水层	4
运输效率	20%	位置相对固定，距离略远	3	船须要定期靠岸，道路设施有限，效率较低	2	位置固定	3	运输距离最近，运输方便稳定	4
过鱼流程	20%	较为复杂，补水机构，噪声震动	2	较为复杂，补水机构，噪声震动	1	可利用上游来水，流程相对复杂	3	利用现有门机，尾水	4
评分		2.2		1.8		3.6		4.0	

3. 工程可行性

工程可行性评价的主要指标包括施工难度及施工进度，见表 5.12，由表中可见，尾水集鱼设施工程可行性最高。

表 5.12　比选方案工程可行性分析及评分表

类型	权重	移动式方案 1 集鱼平台		移动式方案 2 集鱼船		固定式方案 1 下游河道集鱼站		固定式方案 2 尾水集鱼设施	
施工难度	60%	不通航河流，须当地河滩地建造，质量难以保证	3	不通航河流，须当地河滩地建造，质量难以保证	3	需要围堰，拦鱼设施难度较大	2	岸上施工，少量涉及水下施工	4
施工进度	40%	船舶设计、审图周期长，很难满足蓄水要求	1	船舶设计、审图周期长，很难满足蓄水要求	1	施工期较长，时间难以保证	2	基本可达到进度要求	4
评分		2.2		2.2		2.0		4.0	

4. 投资经济性

投资经济性评价的主要指标包括占地和工程投资，见表 5.13，由表中可见，尾水集鱼设施经济性最高。

表 5.13　比选方案投资经济性分析及评分表

类型	权重	移动式方案 1 集鱼平台		移动式方案 2 集鱼船		固定式方案 1 下游河道集鱼站		固定式方案 2 尾水集鱼设施	
占地	30%	上下游码头、道路	3	码头多个，道路	2	下游转运平台，上游码头、道路	3	下游转运平台，上游码头、道路	4
投资	70%	约 1.3 亿元	3	约 1.8 亿元	2	约 1.3 亿元	3	约 9 000 万元	4
评分		3.0		2.0		3.0		4.0	

5. 维护便利性

维护便利性的主要指标包括便利程度、故障率、改造难易度。4 个比选方案维护便利性的评分见表 5.14，可见固定式方案维护便利性较高。

表 5.14　比选方案维护便利性分析及评分表

类型	权重	移动式方案 1 集鱼平台		移动式方案 2 集鱼船		固定式方案 1 下游河道集鱼站		固定式方案 2 尾水集鱼设施	
便利程度	30%	配备专业人员多；设备多；作业流程复杂	2	配备专业人员多；设备多；作业流程复杂	1	操作相对简单	3	无须补水、设备简单、操作便利	5
故障率	40%	机械设备多，易出现故障	2	机械设备多，易出现故障	2	设备及拦鱼设备需要维护	3	设备较为简单，维护相对便利	4
改造难易度	30%	较难改造	2	较难改造	2	难以改造	1	易改造	4
评分		2.0		1.7		2.4		4.3	

5.4.3　比选结果

参照建立的综合技术指标体系，各方案在运行安全性、集鱼有效性、工程可行性、投资经济性及维护便利性的评分见表 5.15。

表 5.15　各比选方案综合评分表

指标	权重	移动式方案 1 集鱼平台	移动式方案 2 集鱼船	固定式方案 1 下游河道集鱼站	固定式方案 2 尾水集鱼设施
运行安全性	30%	2.7	2.4	4.3	4.2
集鱼有效性	30%	2.2	1.8	3.6	4.0
工程可行性	20%	2.2	2.2	2.0	4.0
投资经济性	10%	3.0	2.0	3.0	4.0
维护便利性	10%	2.0	1.7	2.4	4.3
权重总分		2.41	2.07	3.31	4.09

注：每项指标分值为 0～5 分，各项指标得分为分值×相应权重值

根据以上比选，移动式方案 1 和移动式方案 2 在运行安全性方面存在较大风险，集鱼效果也具有较大的不确定性。

固定式方案 1 和固定式方案 2 综合评分较高，其中固定式方案 2 在集鱼有效性、工程可行性及维护便利性等方面优势显著，因此推荐采用固定式方案 2：尾水集鱼设施方案。

5.5　整体实施计划

根据国内外过鱼设施及集运鱼系统的建设运行经验，过鱼设施想要达到理想的过鱼效果一般需要进行不断的监测、优化和改进工作。因此，为切实保障乌东德水电站集运鱼系统工程的过鱼效果，集运鱼系统拟分阶段实施，不断优化完善。集运鱼系统整体实施计划见表 5.16。

表 5.16　乌东德水电站集运鱼系统整体实施计划表

工作内容		2018 年				2019 年				2020 年				2021 年				2022 年			
第一阶段	方案研究		■	■	■																
	工程设计					■	■	■													
	施工安装							■	■	■											
	试运行及监测										■	■			■	■					
优化完善阶段	优化研究												■	■			■				
	优化设计													■	■	■	■				
	优化改造施工																■	■			
	试运行及监测																		■	■	

根据整体实施计划，第一阶段为尾水集鱼方案的建设实施，于工程蓄水验收前完成，并于 2020～2021 年开展为期 2 年的试运行及监测；第二阶段为集运鱼系统的优化完善阶段，本阶段根据第一阶段的实施、试运行及监测情况，结合白鹤滩水电站蓄水后水生生境、鱼类组成、工作条件发生的变化，第一阶段集运鱼方案进行优化研究，提出优化完善设计方案，2021～2022 年 3 月进行优化完善方案的施工，施工完成后于 2022 年开展优化完善方案的试运行及监测，形成较为完善的集运鱼体系。

扫一扫见本章彩图

第6章 集运鱼系统设计

6.1 引　　言

针对“高坝大库”的水电开发特点和典型鱼类习性，围绕金沙江下游水电开发河流生态服务功能最大化与水资源合理利用重大科学问题，开展包括野外生态调查、室内机理试验、物理模型试验及数值模拟和野外原位观测研究，着力解决高坝过鱼全过程中的四大关键技术难题，为乌东德、白鹤滩水电站竣工环保验收创造条件，并为金沙江下游流域梯级过鱼设施设计提供技术支撑。

6.2 系统组成及功能

乌东德集运鱼系统由集鱼系统、提升装载系统、运输过坝系统、码头转运系统、运输放流系统和监控监测系统等部分组成。集运鱼系统组成见图6.1。

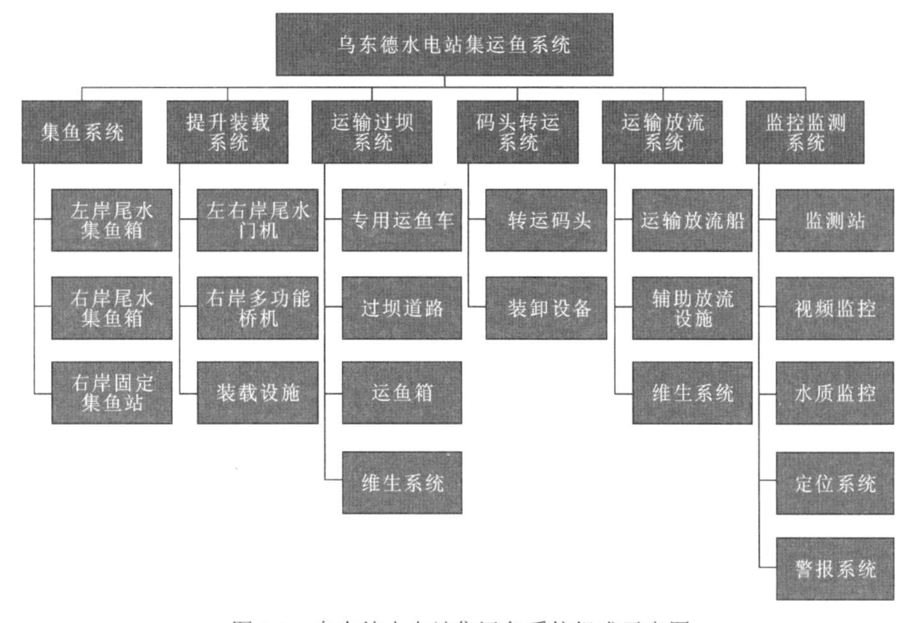

图6.1　乌东德水电站集运鱼系统组成示意图

（1）集鱼系统的作用是将聚集在坝下需要洄游过坝的鱼类诱集至集鱼箱中，主要包括左岸尾水集鱼箱、右岸尾水集鱼箱及右岸固定集鱼站。

（2）提升装载系统的作用是将装有鱼的集鱼箱提升至尾水平台，并将所需鱼类装载进入专用运鱼车，主要包括左岸尾水门机、右岸尾水门机、右岸多功能桥机及装载设施等。

（3）运输过坝系统的作用是通过专用车辆及船只将鱼类运输过坝并送达指定放流地点，主要包括专用运鱼车、运鱼箱、维生系统及过坝道路等。

（4）码头转运系统的作用是将运鱼箱从运鱼车转运至运输放流船上，主要包括转运码头、装卸设备等。

（5）运输放流系统的作用是将鱼类放流至库区，主要包括运输放流船、维生系统、辅助放流设备等。

（6）控制监测设施的作用主要是对所有集鱼、提升、装载、运输、放流等不同过程进行控制和监控，保证全过程的安全和有效，并对集鱼效果进行监测，主要包括监测站、视频监控、水质监控、定位系统及警报系统等。

6.3 整体布置

乌东德集运鱼系统集鱼设施布置在电站尾水处，因为乌东德水电站尾水洞分别居于左右两岸，所以本方案在左右岸分别采用集鱼箱、固定集鱼站+集鱼箱的集鱼方式。提升及装载系统设置在两岸尾水平台，运输道路为场内现有道路，库区转运码头与库管码头统一建设，地点为海子尾巴附近。集运鱼系统整体布置见图 6.2。

6.3.1 集鱼系统布置

根据不同生态习性鱼类在坝下的分布规律，针对喜流性鱼类及缓流性鱼类，分别在其密集分布区布置集鱼设施。根据此原则，集鱼系统主要由左岸尾水集鱼箱、右岸尾水集鱼箱和右岸固定集鱼站三大部分组成。

其中，左右岸尾水集鱼箱主要针对圆口铜鱼、长鳍吻鮈、裂腹鱼类等喜流性鱼类，这些鱼类也是工程主要的过鱼种类。右岸固定集鱼站除可以兼顾圆口铜鱼、长鳍吻鮈、裂腹鱼类等喜流性鱼类外还可以兼顾小型鲤科鱼类、鳅科、鲱科等不同流速适应性的鱼类。集鱼系统的布置见图 6.3。

6.3.2 分拣装载站布置

根据集鱼系统的布置，分拣装载站由左岸分拣装载站、右岸分拣装载站组成，左岸分拣装载站布置在左岸尾水平台 3#尾水洞右侧，右岸分拣装载站布置在右岸尾水平台 4#尾水洞左侧，分拣装载站布置见图 6.4。

图 6.2　乌东德集运鱼系统整体布置示意图

图 6.3　集鱼系统平面布置示意图

图 6.4　分拣装载站平面布置示意图

6.3.3　过坝线路

过坝线路分左岸运输线路和右岸运输线路，起点分别为两岸分拣装载站，终点为坝上转运码头。其中左岸运输线路全长 7.9 km，右岸运输线路全长约 6.0 km，过坝运输线路总长度 8.56 km，隧洞段 3.0 km。运输线路见图 6.5。

图 6.5　运输过坝系统线路布置图

6.3.4　码头布置

根据乌东德坝区地形、地质等条件，结合水电站枢纽布置方案及施工方案综合分析，乌东德坝址处适宜建设码头的区域有河门口、水塘、海子尾巴等地。

河门口可选港址范围自坝址上游 7.4 km 处金沙江左岸鲹鱼河出口处起至坝址上游 6 km 处金沙江左岸阴地沟弃渣场附近，江侧岸坡陡峭，距离业主营地和坝址较远。水塘港址位于坝址上游 6 km 处金沙江右岸、业主新村营地上游约 1.5 km 处，基岩出露，地质条件较好。海子尾巴位于坝址上游约 4.5 km 处金沙江右岸、河门口大桥与营盘山之间，岸坡较为平缓，海子尾巴场地岸侧紧邻右岸高线过坝路，集疏运条件均较好。

乌东德库区近坝段需要复建客运码头 1 座，同时结合拦漂索布置在营盘山下游，转运码头选址于海子尾巴下游末端、营盘山上游侧，与乌东德工作船码头共同建设，二者共同构成库区管理码头，平面布置见图 6.5。库区转运码头采用下河公路与直立平台相结合方案，码头下河公路由右岸低线过坝路改造而成。

6.3.5　放流线路

乌东德集运鱼系统放流地点选择在具有一定流速的干流江段或支流汇口，乌东德工程过鱼季节主要为 4～7 月，此时库区处于低水位运行，库尾变动回水区部分江段仍处于天然状态，能够满足部分鱼类的产卵需求，因此放流点主要选择在变动回水区下沿。根据放流地点，鱼类运输放流线路如图 6.6 所示。

图 6.6　鱼类运输放流线路

6.4　集鱼系统设计

6.4.1　右岸集鱼站

1. 组成及布置

右岸集鱼站利用目前尚未拆除的 4#尾水洞外围堰修建，如图 6.7 所示，布置在右岸尾水和二道坝下缓流区的交接区域，在不同朝向设有进鱼口，可以满足右岸尾水区的流水性鱼类和二道坝下缓流性鱼类的集鱼需求。右岸尾水集鱼站由进鱼口、集鱼池、拦鱼设施、防逃笼、提升箱、提升轨道等组成，如图 6.8 所示。

图 6.7　右岸 4#尾水洞外的围堰条件

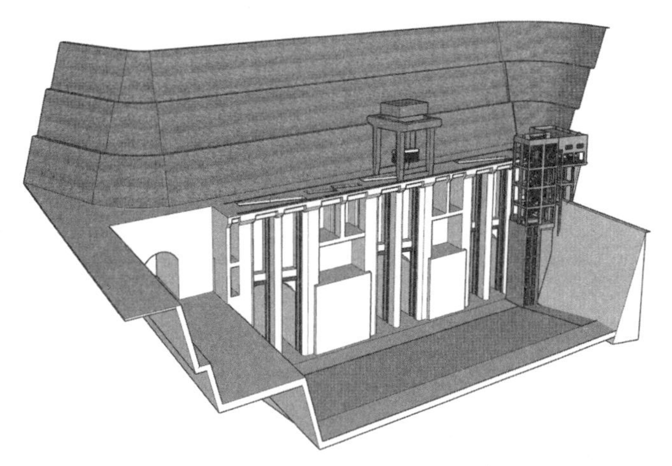

图 6.8　右岸尾水集鱼站三维示意图

2. 集鱼池设计

右岸集鱼站集鱼系统由导流墙、集鱼池、进鱼口、防逃格栅等组成，布置在 4#尾水洞外侧靠上游侧，其集鱼设施结构见图 6.9 及图 6.10。

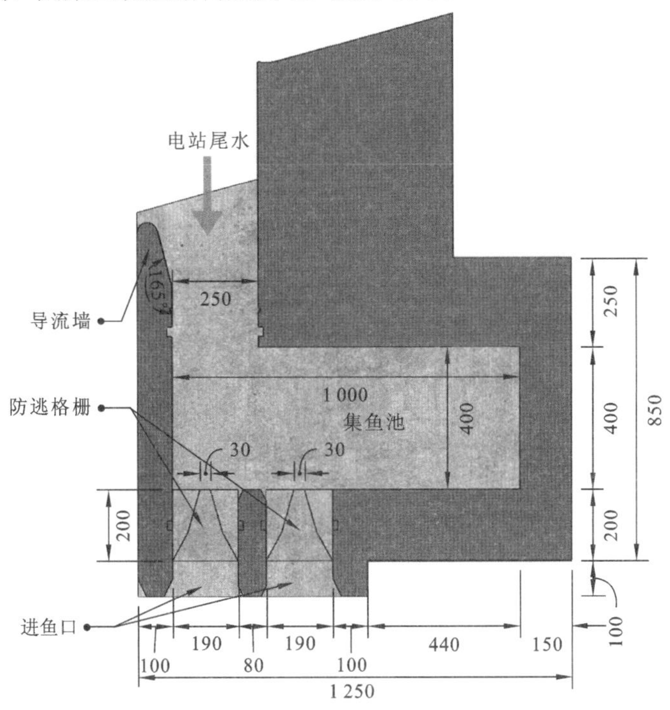

图 6.9　右岸集鱼站集鱼池平面结构图（单位：cm）

3. 导流墙

导流墙的作用是将发电尾水引向集鱼池，并在进鱼口形成诱鱼水流。导水墙与尾水出流方向平行。为减小导流墙的阻水效应，导流墙前端导Φ30 cm 圆角。

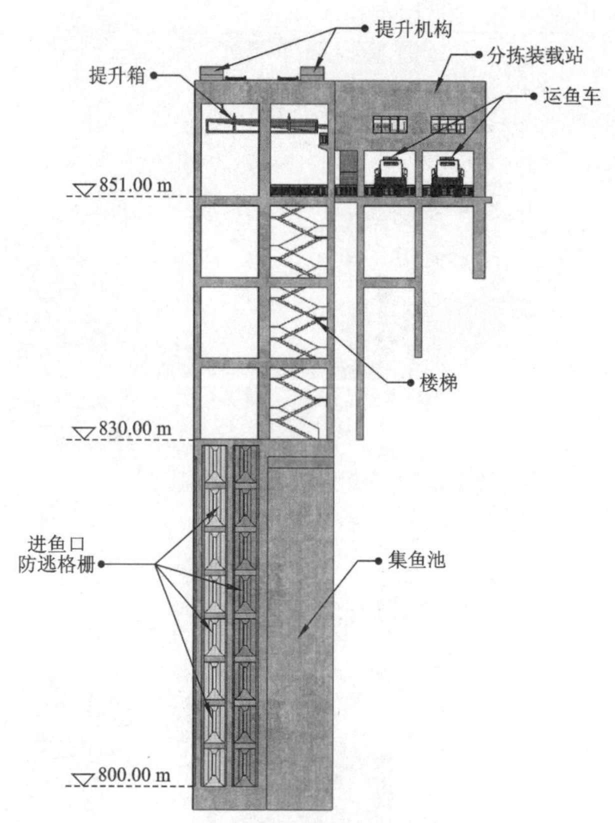

图 6.10　尾水集鱼站下游面视图

4. 集鱼池

集鱼池的作用是将诱集的鱼类保留在池中。集鱼池内宽 4 m，长 10 m。朝向尾水区一侧设有进水口，进水口宽 2.5 m。

5. 进鱼口

进鱼口位于集鱼池靠河道侧，与进水口相对，为 2 个 1.9 m 宽的矩形结构。2 个进口相隔 0.8 m。

6. 进鱼口防逃格栅

防逃格栅为安装在进鱼口的使鱼类易进不易出的喇叭口，采用格栅结构。防逃格栅每个高 3.75 m，可以叠放，喇叭口宽度可在 0.1～0.5 m 范围内调节。

7. 拦鱼电栅设计

1）工作原理

拦鱼电栅具有排污力强、管理方便、不影响过水流量等特点，目前已广泛应用在水库拦鱼工程中。拦鱼电栅的原理是根据鱼类在水下电场作用下的电感效应，采用对鱼类刺激较强，但对鱼类无任何伤害的高压脉冲电，通过水下电极建立起迫使鱼类产生回避反应的水下电场来防止鱼类通过。

2）形式比选

拦鱼电栅形式主要有埋设式、悬挂式和浮筒式三种，特点及适应范围见表6.1。

表6.1 拦鱼电栅的基本形式及适用范围

基本形式	安装位置	适用范围
埋设式	电极阵埋固在设计断面位置	河床规正，拦鱼面积较小，河道渣物少，并具备河床无水时施工的条件
悬挂式	悬挂式指电极阵悬挂在设计断面上方	河床断面≤100 m^2，岸边易于打桩
浮筒式	电极阵联结在浮筒上，浮筒固定在设计断面水面上	河床断面≤100 m^2，岸边不易打桩或河床断面>100 m^2

乌东德水电站拦鱼断面为矩形，面积共75 m^2，断面规则，且具备无水施工条件，适合采用埋设式布置形式，根据电极排列方式，又可分为竖向埋设式和横向埋设式两种，如图6.11和图6.12所示。本项目拦鱼断面高30.0 m，宽2.5 m，根据电场特性，适合采用竖向埋设式，根据距离可采用1正1负2根电极式，对水流基本不造成影响。

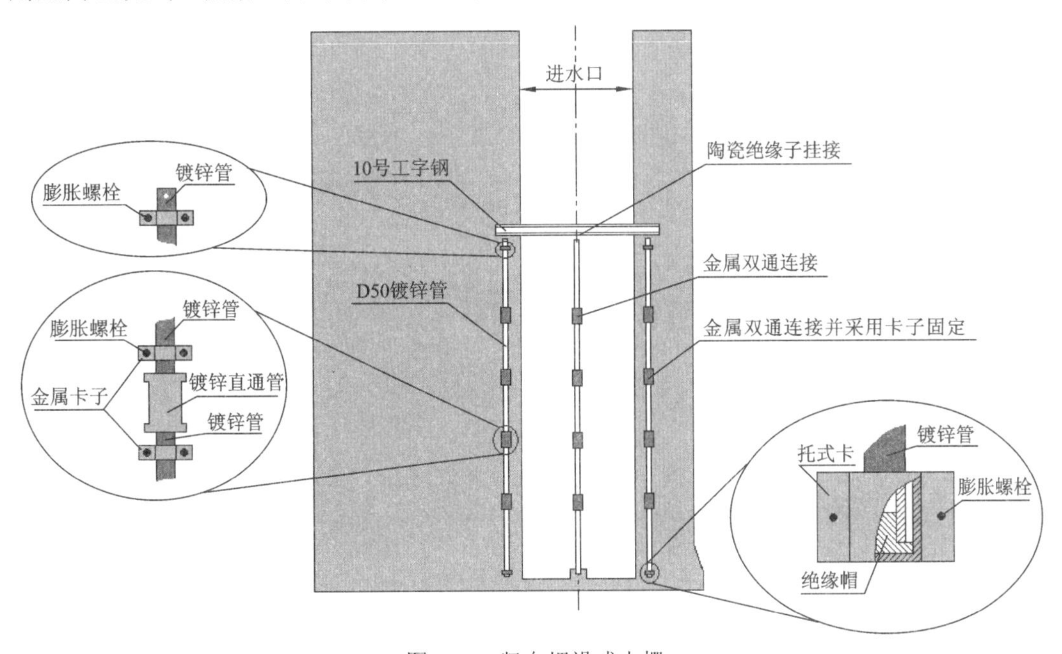

图6.11 竖向埋设式电栅

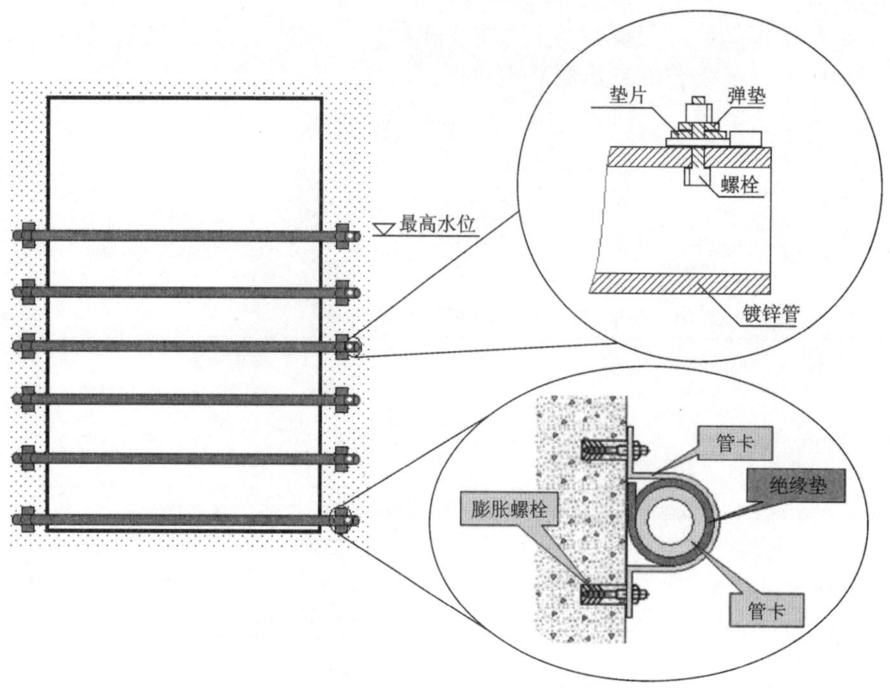

图 6.12　横向埋设式电栅

3）安装位置

集鱼池进水口设置拦鱼电栅，其作用为阻挡集鱼池中的鱼类从进水口游出，拦鱼电栅 2 个电极竖向安装，分别安装在进水口 2 侧，相距 2.5 m，不对进水产生影响。电极位于集鱼池上游 1.0 m 处，根据鱼类对电场的反应，此距离可保证电极和集鱼箱之间不存在滞鱼死角，同时也不会影响进鱼口的进鱼。同时鱼类在集鱼池中为逆水流游泳，与拦鱼电栅保持更慢的相对移动速度，拦鱼效果较静水及顺水方向更好。拦鱼电栅的布置，如图 6.13 所示。

4）设备组成

拦鱼设施由电赶拦鱼主机、节点机、电极及固定装置等组成。电栅布置在进水通道的侧壁上，竖向布置，主机布置在分拣装载站中，在集控室中控制。在集鱼工作期间，开启拦鱼电栅，防止鱼类逃逸。

8. 提升箱设计

提升箱集鱼作业时沉在集鱼池底部，在进行提升作业时将集鱼池内的鱼类通过提升收集起来。提升箱宽 2.9 m，长 9.9 m，高 1.15 m，底部采用倾斜结构，并留有存水部分，存水深度约 0.4 m，在提升时可保持鱼类健康存活。提升箱一侧设有放鱼门，在提升箱提升到指定高程后，与放鱼滑道对接，打开放鱼门，将箱内鱼类放流。

提升箱与集鱼池侧壁之间保持 5 cm 间隙，以保证提升箱在提升过程中的顺畅性，为防止提升过程中鱼类从提升箱与集鱼池侧壁之间的缝隙逃逸，提升箱顶面外沿安装有长 5 cm 的密毛刷，可封闭间隙，防止鱼类逃逸。提升箱结构见图 6.14～图 6.16。

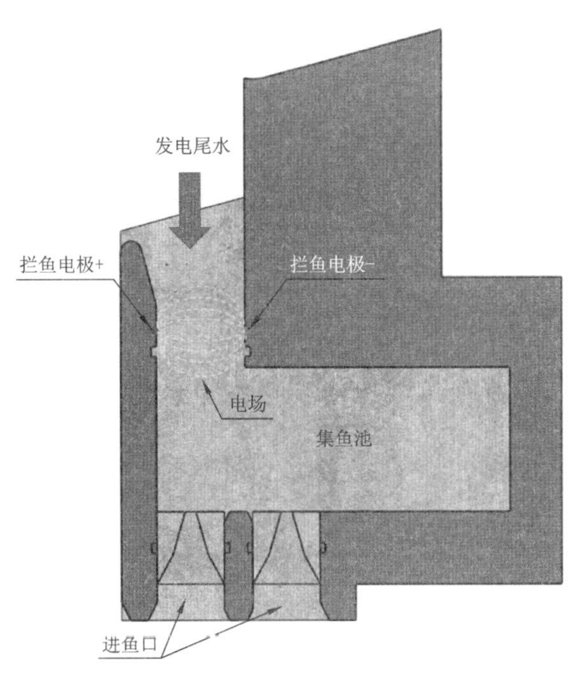

图 6.13 拦鱼电栅平面布置示意图

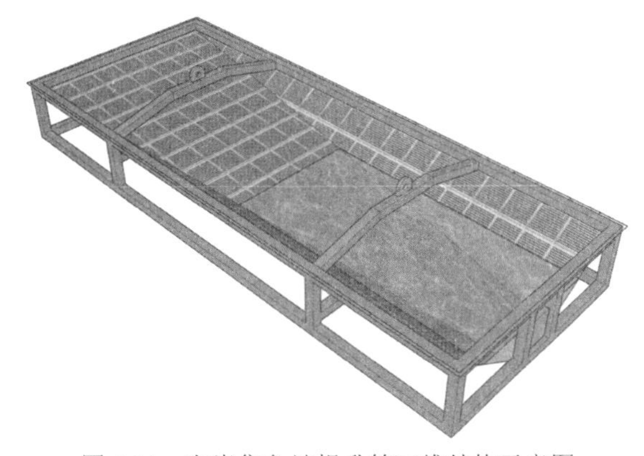

图 6.14 右岸集鱼站提升箱三维结构示意图

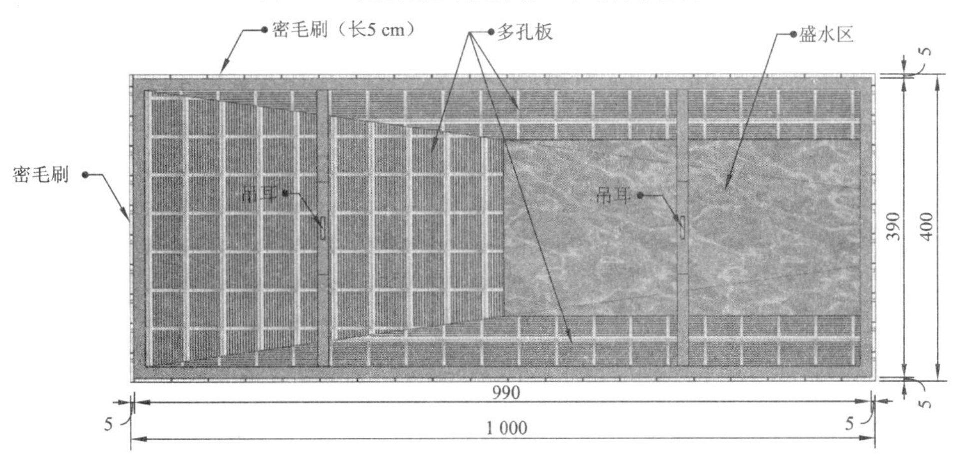

图 6.15 右岸集鱼站提升箱结构俯视图（单位：cm）

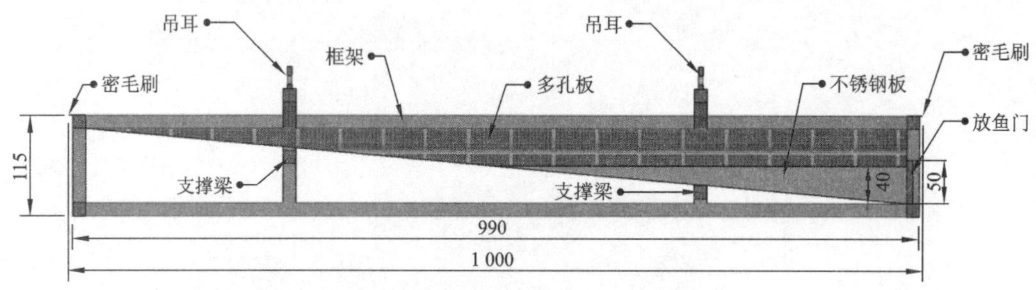

图 6.16　右岸集鱼站提升箱结构纵剖面图（单位：cm）

9. 集鱼系统流场研究

1）单机对单洞工况

当 7#或 8#机组 1 台机组发电时，4#尾水洞及集鱼池附近流场及流速分布，如图 6.17～图 6.20 所示。可见，单机对 4#尾水洞发电时，尾水洞口流速约 2.0 m/s 左右，尾水洞口左侧水流在导水墙的作用下冲入集鱼池，并通过 1#和 2#进鱼口流出，1#进鱼口流速 1.0～1.4 m/s，2#进鱼口流速 0.5～0.6 m/s，可满足不同鱼类的进入需求。集鱼池内流速大部分在 0.2 m/s 以下，满足鱼类休息条件。

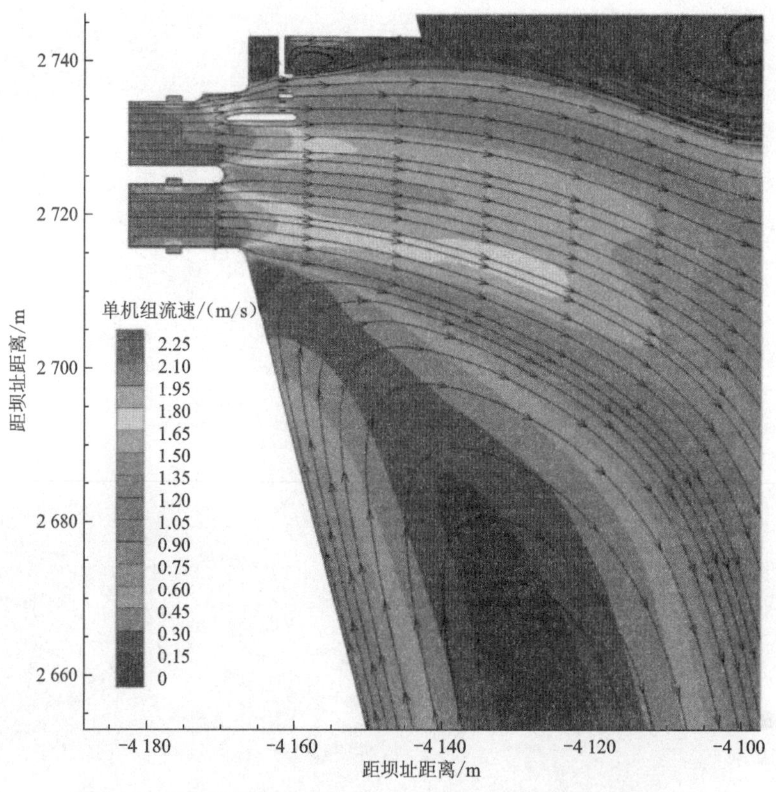

图 6.17　单机组通过 4#尾水洞发电时洞口外及集鱼站流场分布

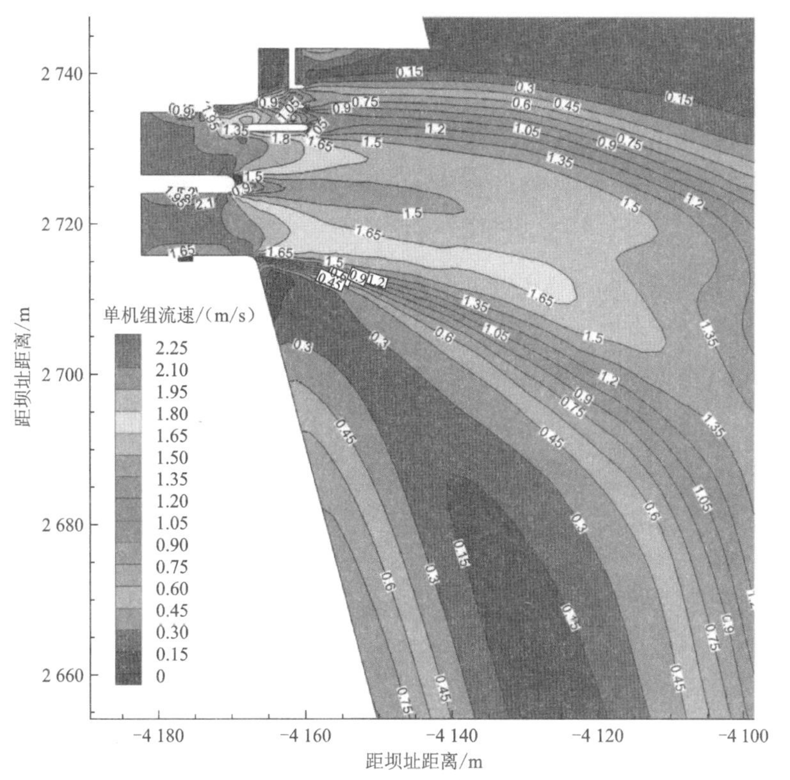

图 6.18　单机组通过 4#尾水洞发电时洞口外及集鱼站流速分布

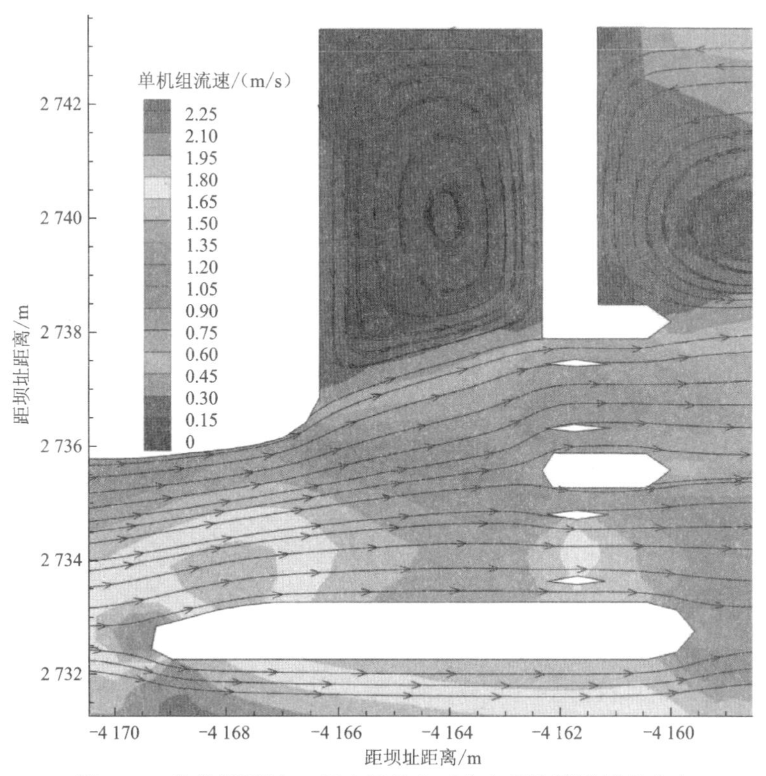

图 6.19　单机组通过 4#尾水洞发电时集鱼系统附近流场分布

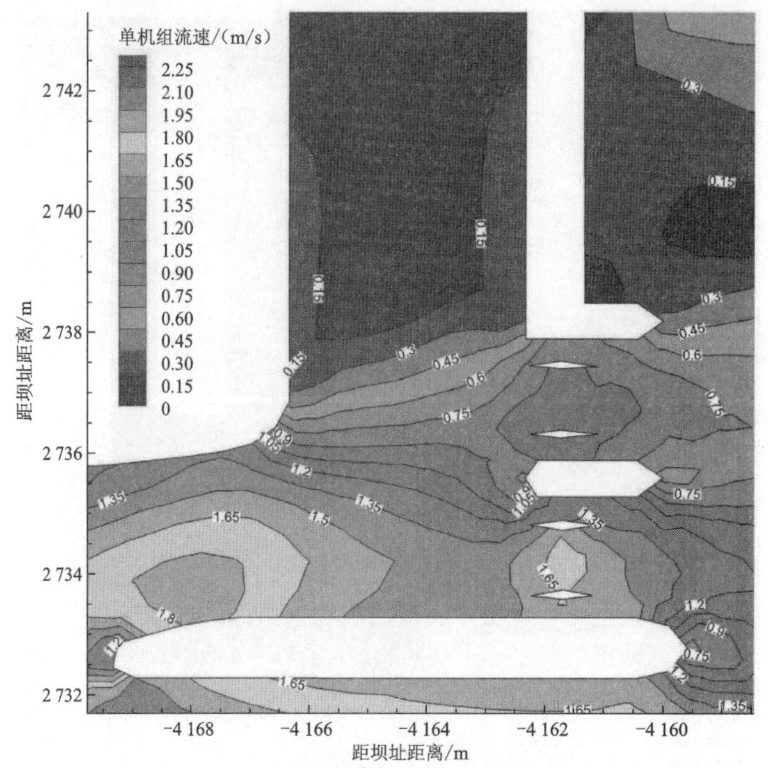

图 6.20　单机组通过 4#尾水洞发电时集鱼系统附近流速分布

2）2 机对单洞工况

当 7#和 8#机组同时发电时，4#尾水洞及集鱼池附近流场及流速，如图 6.21～6.24 所示。可见，2 台机组对 4#尾水洞发电时，尾水洞口流速约 4.0 m/s 左右，尾水洞口左侧水流在导水墙的作用下进入集鱼池，并通过 1#和 2#进鱼口流出，1#进鱼口流速 1.5～2.2 m/s，2#进鱼口流速 1.2 m/s，仍然可满足不同鱼类进入需求。集鱼池内流速大部分在 0.4 m/s 以下，可以满足鱼类休息要求。

10. 对发电影响分析

1）1 机 1 洞工况

对固定集鱼站实施对发电尾水的影响进行了分析研究，当 7#或 8# 1 台机组发电时，尾水洞外水位变化见图 6.25，导流墩处局部最大壅高约 0.1 m（浪高），整个尾水洞平均水位变化约+1～2 cm，可见尾水壅高程度很小，对工程发电几乎没有影响。

2）2 机 1 洞工况

2 台机组同时发电时，4#尾水洞外流速变化见图 6.26，导水墙处最大壅高约 0.4 m（浪高），但整个尾水洞出口断面平均水位壅高并不显著，平均壅高 3～6 cm，对于乌东德水电站 106～163.4 m 的发电水头而言，对发电影响基本可以忽略。

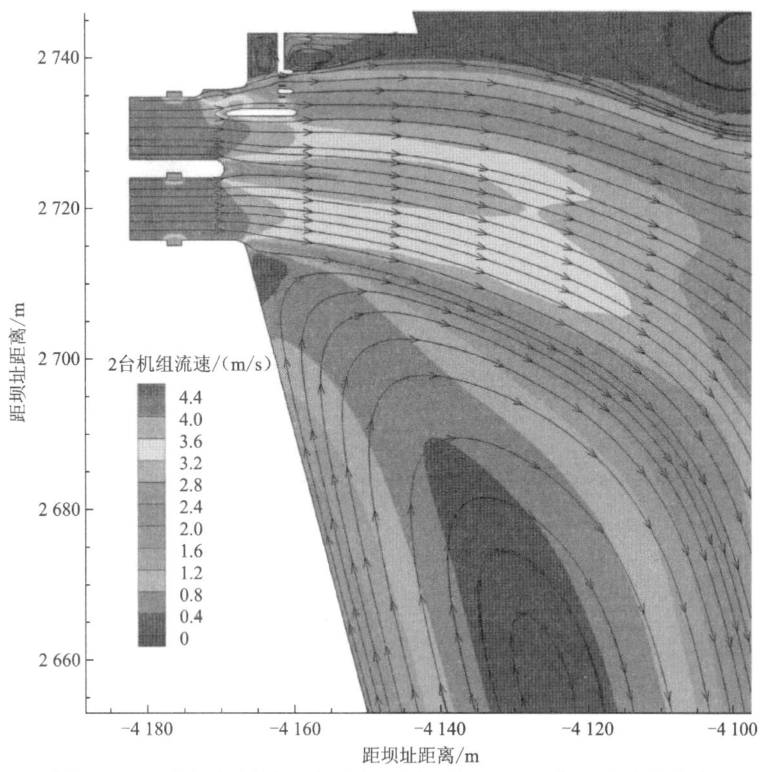

图 6.21 2 台机组通过 4#尾水洞发电时洞口外及集鱼站流场分布

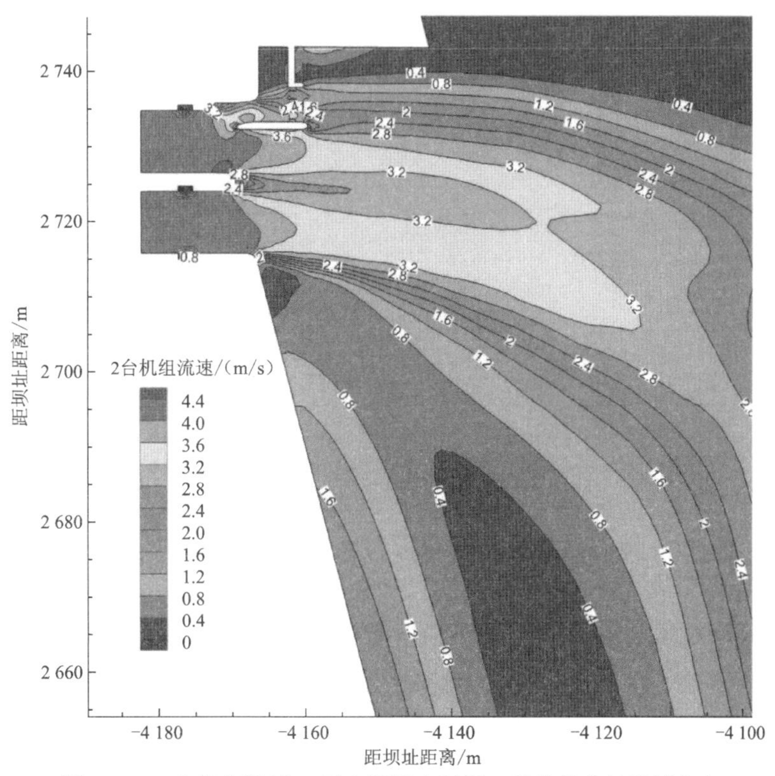

图 6.22 2 台机组通过 4#尾水洞发电时洞口外及集鱼站流速分布

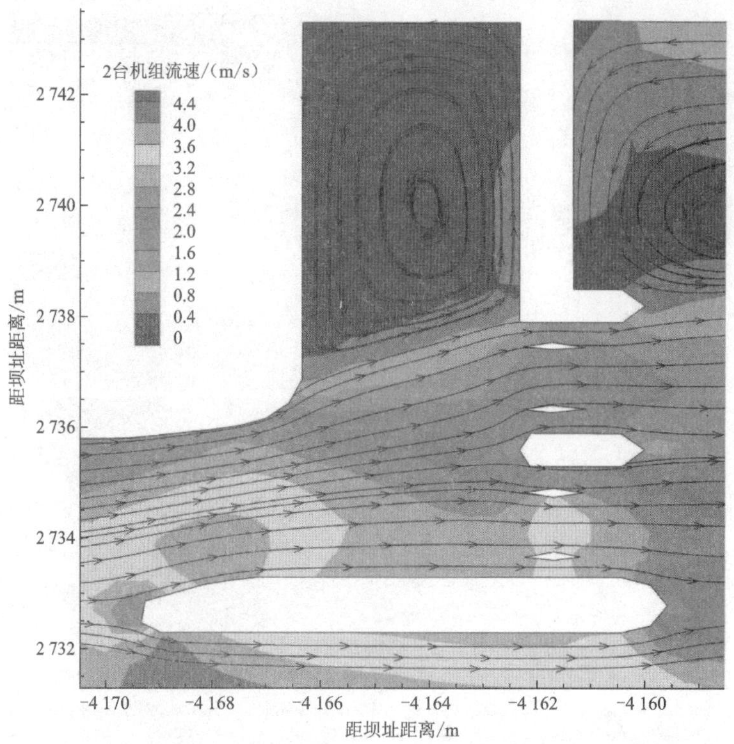

图 6.23　2 台机组通过 4#尾水洞发电时集鱼系统附近流场分布

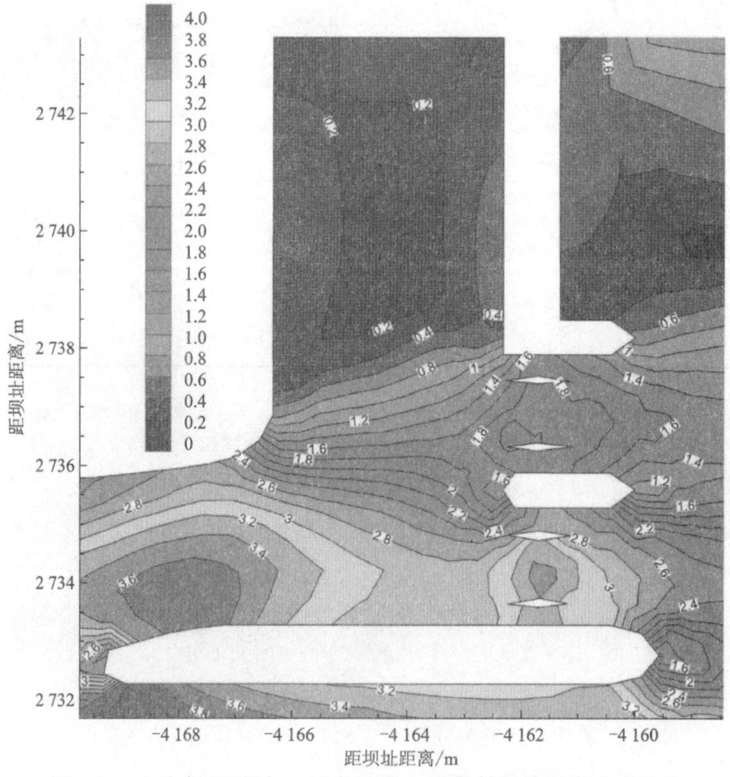

图 6.24　2 台机组通过 4#尾水洞发电时集鱼系统附近流速分布

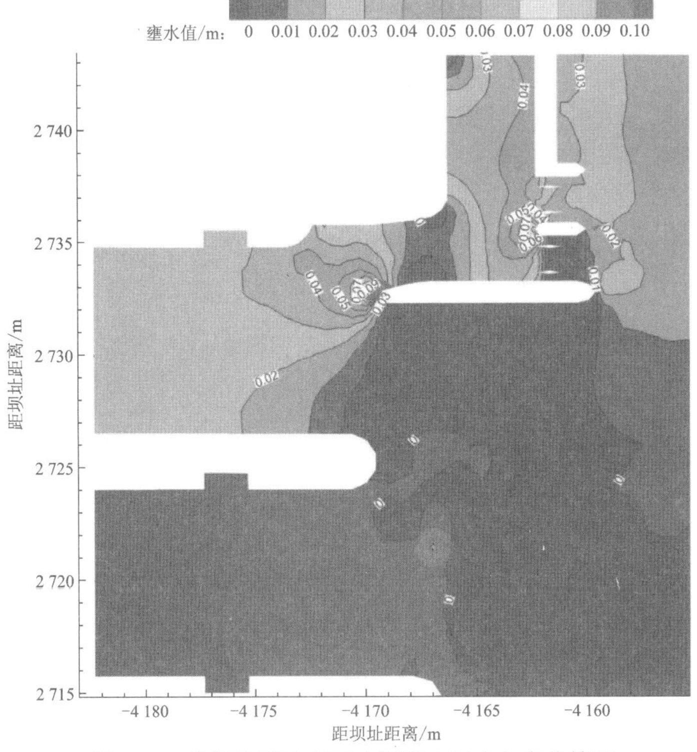

图 6.25　单机组通过 4#尾水洞发电时水位变化情况

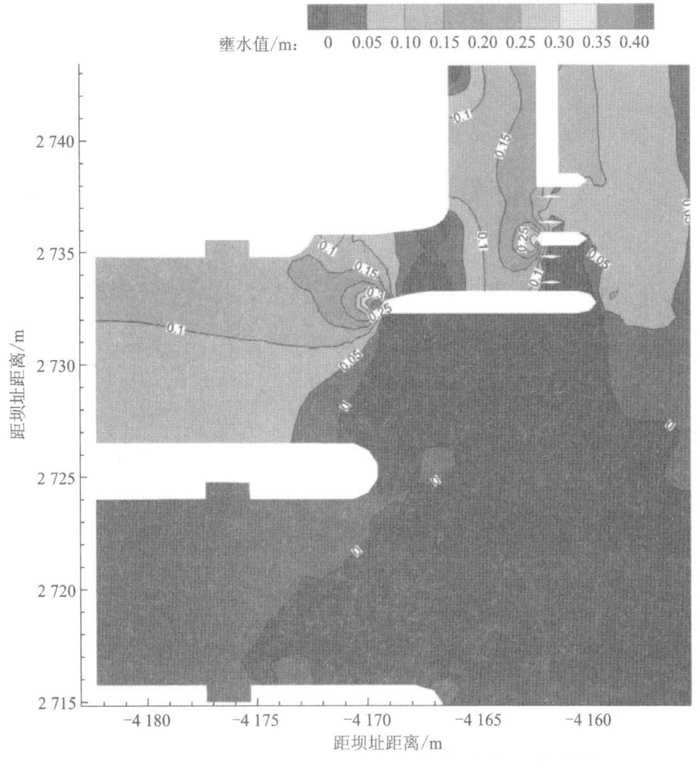

图 6.26　2 台机组通过 4#尾水洞发电时水位变化情况

6.4.2　尾水集鱼箱

左右岸尾水集鱼箱主要针对圆口铜鱼、长鳍吻鮈等流水性鱼类设计，利用电站发电时鱼类对尾水的趋流性进行集鱼。

1. 箱体结构

这个阶段，设计纵置、横置 2 种集鱼箱。

1）纵置集鱼箱

纵置集鱼箱结构如图 6.27～图 6.30 所示，单个集鱼箱宽 9.4 m，高 9.0 m，大部分结构为透水结构，一侧纵向设置 2 个集鱼笼，每个集鱼笼设置 1 个 0.2 m×1.8 m 的纵向矩形防逃进鱼口，形成鱼类易进难出的结构。为保证鱼类在集鱼箱能够长时间停留，集鱼部分内部通过后部挡板及横向隔板形成一定缓流水域，满足鱼类长期停留的要求。集鱼箱底部设有存水区，存水深度为 0.5 m。

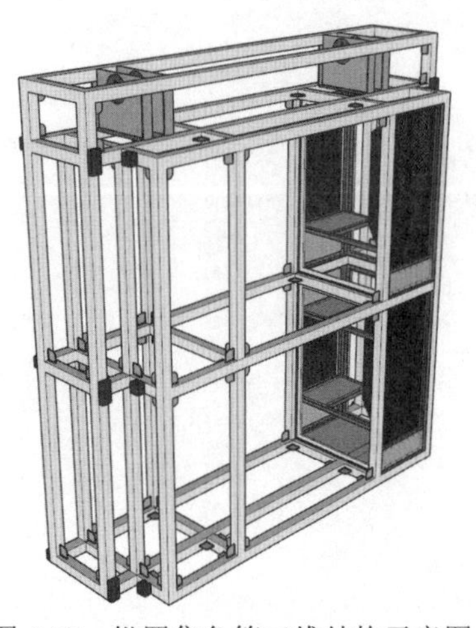

图 6.27　纵置集鱼箱三维结构示意图

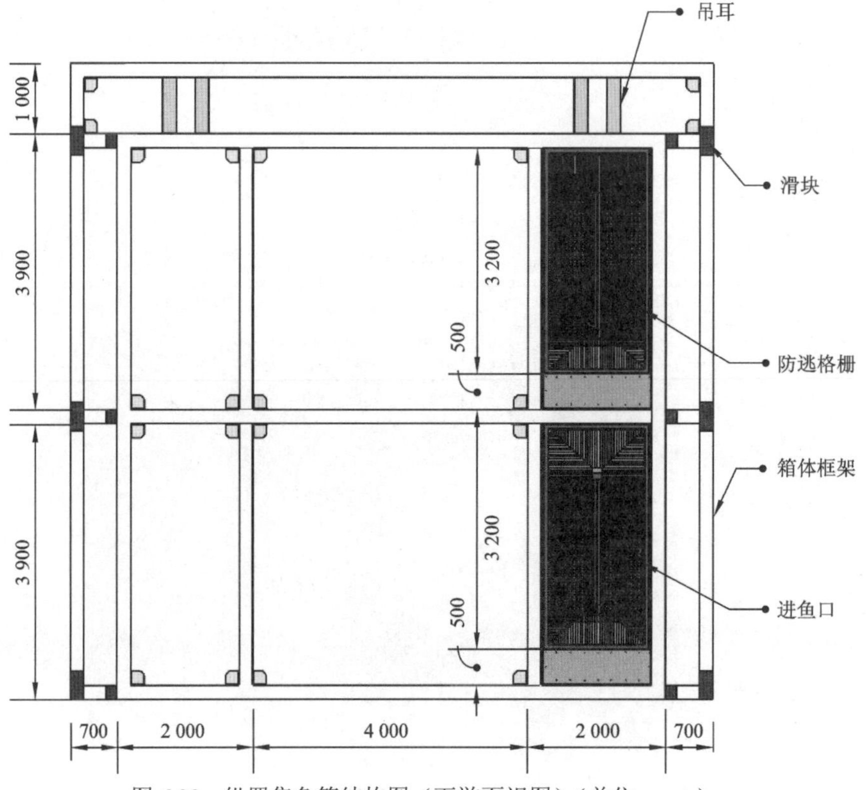

图 6.28　纵置集鱼箱结构图（下游面视图）（单位：mm）

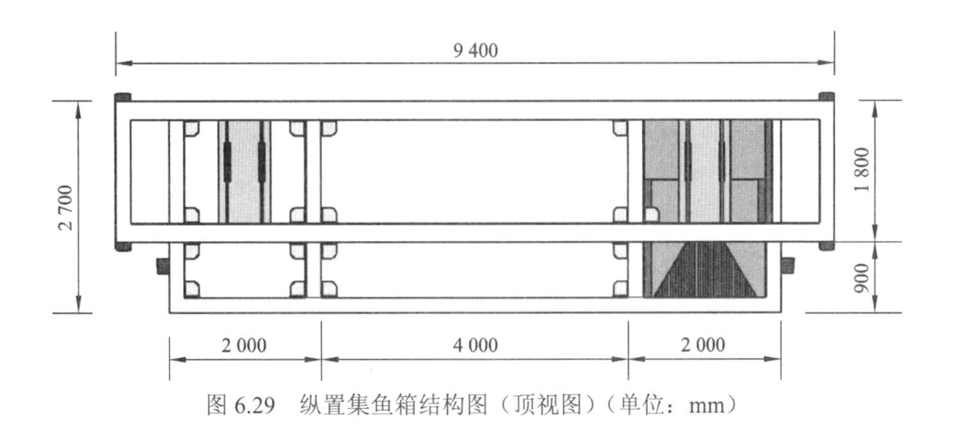

图 6.29　纵置集鱼箱结构图（顶视图）（单位：mm）

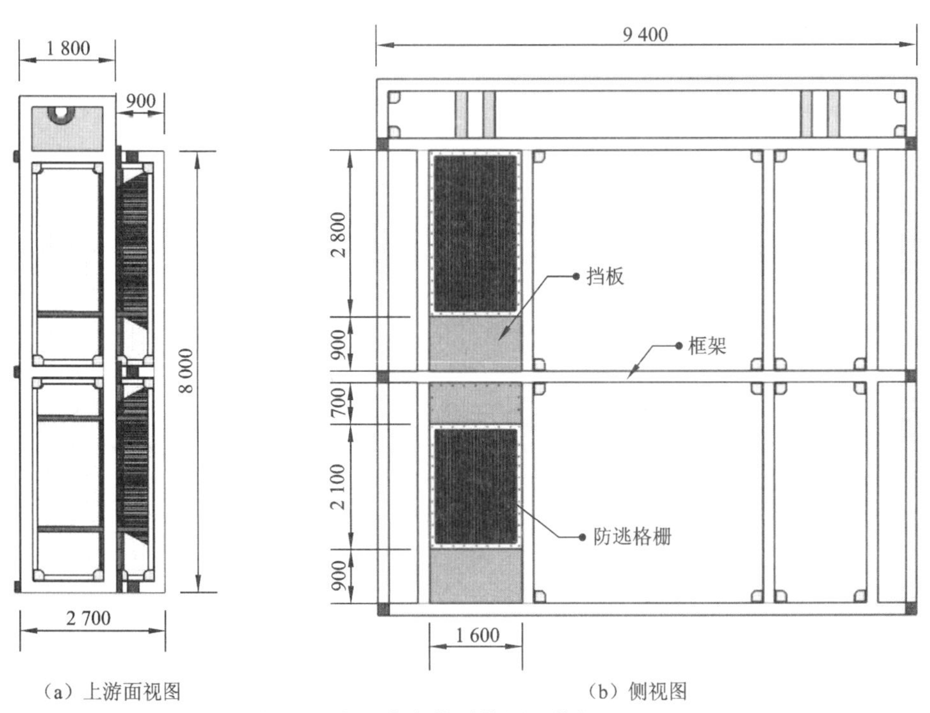

（a）上游面视图　（b）侧视图

图 6.30　纵置集鱼箱结构图（单位：mm）

2）横置集鱼箱

横置集鱼箱结构见图 6.31～图 6.32，与纵向集鱼箱结构不同的是，横置集鱼箱高度只有 3.0 m，宽度与纵置集鱼箱一致，为 9.4 m，集鱼箱横向设置 2 个集鱼笼，每个集鱼笼设置 1 个 0.3 m×3.0 m 的横向矩形防逃进鱼口，形成鱼类易进难出的结构。集鱼箱底部设有存水区，存水深度为 0.2 m。

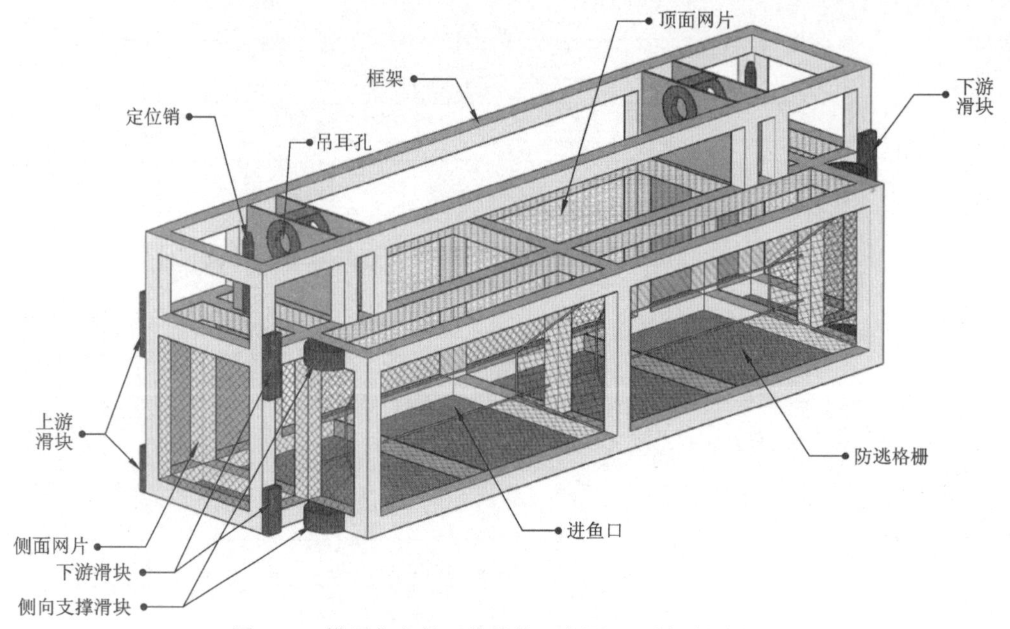

图 6.31　横置集鱼箱三维结构示意图（下游面视图）

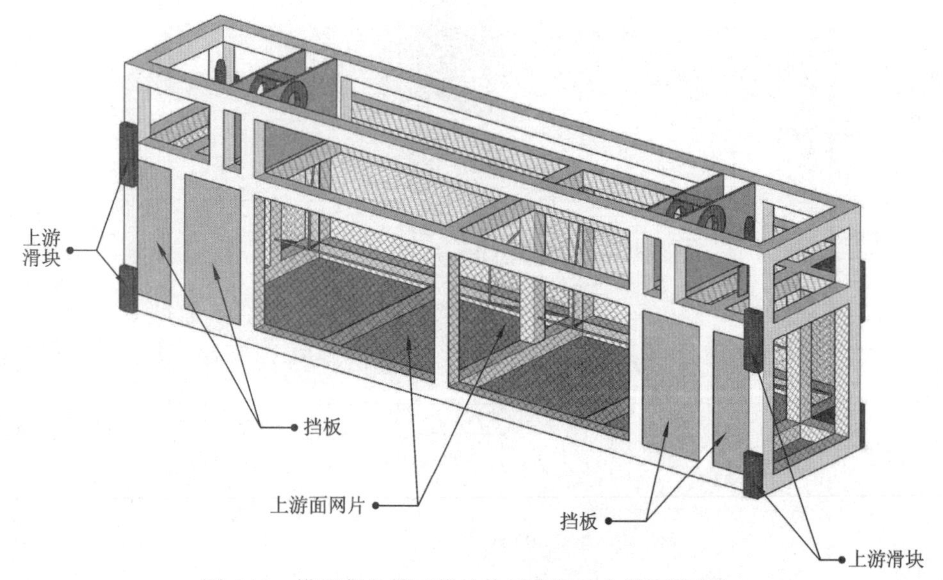

图 6.32　横置集鱼箱三维结构示意图（上游面视图）

2. 布置

集鱼箱通过尾水检修门门槽下放至尾水洞出口处进行集鱼作业，集鱼箱可在下放轨道内上下滑动并灵活控制作业深度，其中纵置集鱼箱可调整集鱼深度，针对不同水层鱼类开展集鱼作业。集鱼箱可以单独放置，也可以叠放。横置集鱼箱为专门针对收集底层鱼类设计，其为沉底作业。集鱼箱的布置及结构后期根据现场试验情况进行优化调整。集鱼箱作业时布置见图 6.33～图 6.35。

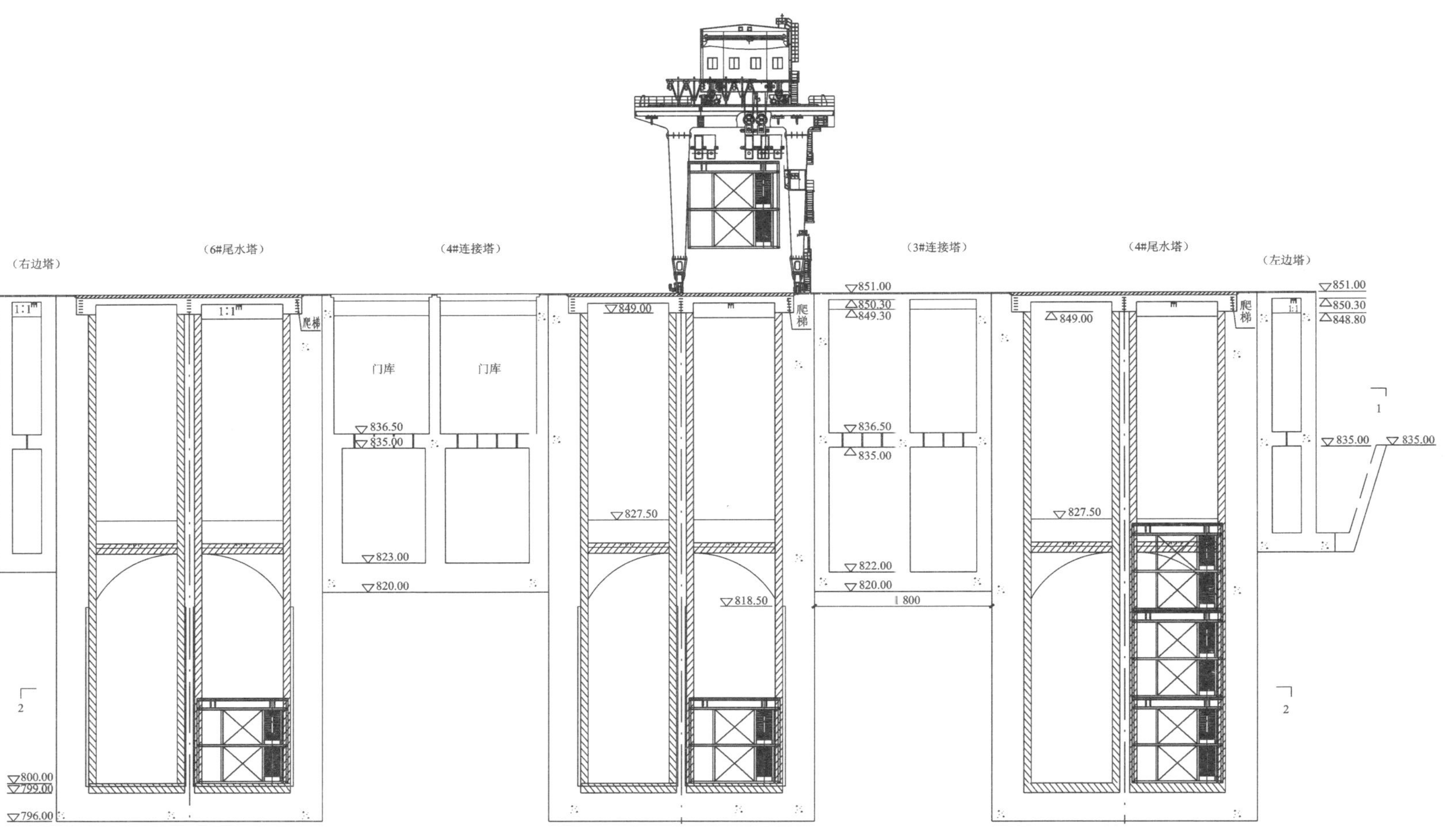

图 6.33　集鱼箱不同布置方式示意图（立面图）（高程单位：m）

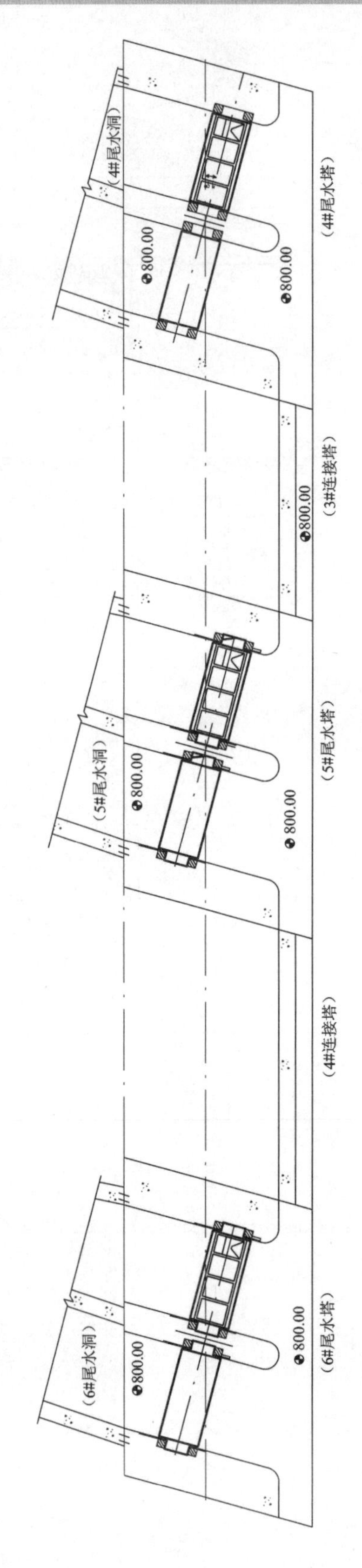

图 6.34　集鱼箱布置示意图（俯视图）（高程单位：m）

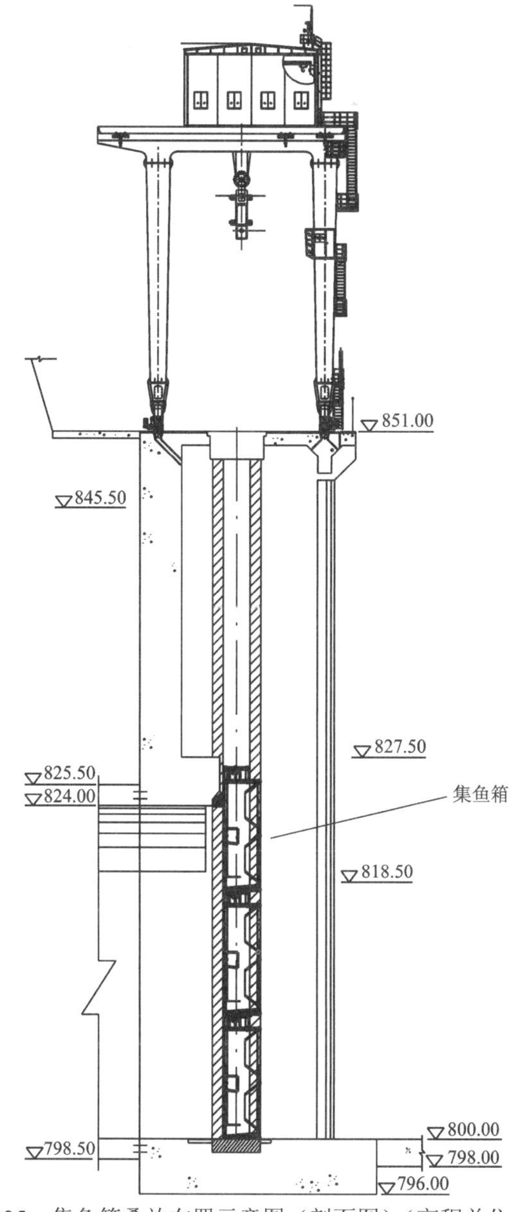

图 6.35　集鱼箱叠放布置示意图（剖面图）（高程单位：m）

6.5　提升装载系统设计

6.5.1　提升设施

1. 集鱼箱提升设施

两岸集鱼箱提升系统主要包括左岸尾水提升门机和右岸尾水提升门机（图 6.36、

图 6.37)。集鱼箱上吊耳及锁定装置与尾水检修闸门保持一致，因此，可以利用尾水检修门门机及配套抓梁进行起吊和下放。提升后，尾水门机可以平移至指定地点放流。

图 6.36　左岸尾水提升门机

图 6.37　右岸尾水提升门机

2. 集鱼站提升设施

右岸集鱼站提升设施包括提升箱提升机构、进鱼口防逃格栅提升机构及备用拦鱼栅提升机构，3 套提升机构的主要功能及形式参数见表 6.2，整体布置如图 6.38 和图 6.39 所示。

表 6.2　提升设施明细表

设备	功能	形式	参数
提升箱提升机构	将提升箱提升至尾水平台以上	启闭机	2×250 kN，扬程 60 m
进鱼口防逃格栅提升机构	将进鱼口防逃格栅提升至检修高程进行检修维护	电动葫芦	10 t，扬程 40 m
备用拦鱼栅提升机构	将备用拦鱼栅提升至检修高程进行检修维护	电动葫芦	10 t，扬程 40 m

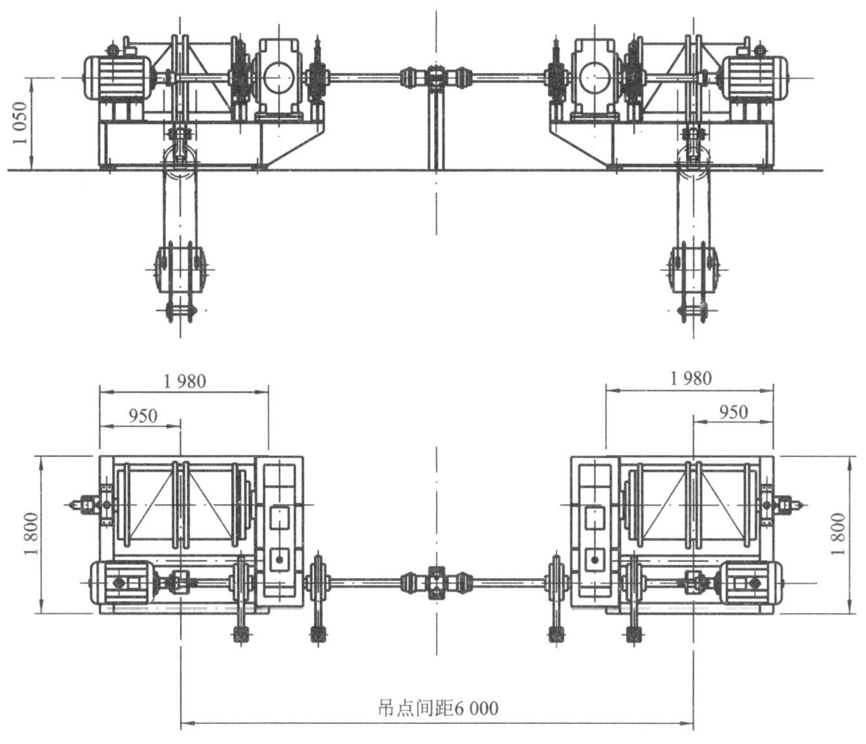

图 6.38　集鱼站提升箱提升机构布置图（单位：cm）

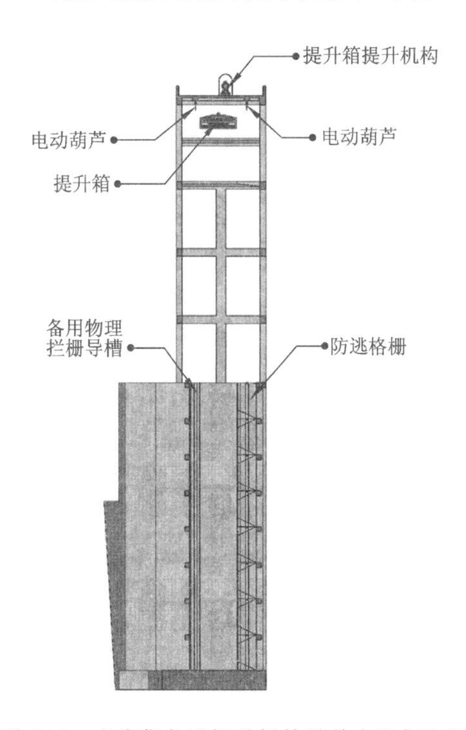

图 6.39　右岸集鱼站提升机构整体布置剖面图

6.5.2 装载设施

装载设施主要功能是将提升箱收集的鱼类转移至运鱼车的运鱼箱中，主要由软管、补水管、排水管等组成，装载设施能够在装载鱼类时保证带水操作及避免鱼类损伤，如图 6.40 所示。装载时，放鱼软管一端可与提升箱连接，另一端连接至运鱼车的运鱼箱，提升箱提升至指定高程后，打开提升箱底部放鱼阀门，提升箱中的水和鱼通过放鱼管道进入运鱼车上的运鱼箱中，完成装载过程。另外，装载设置还包括补水设施，运鱼箱装载鱼类之前，应充水至指定容量。

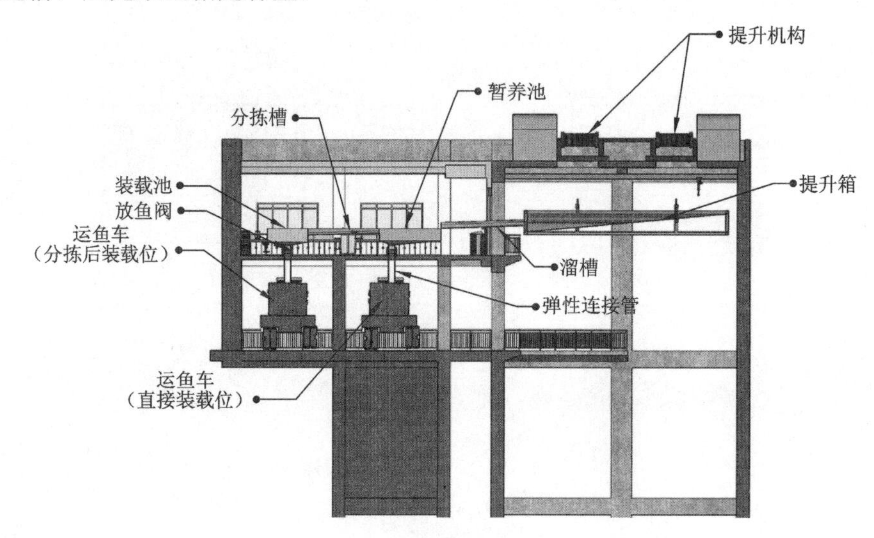

图 6.40　装载设施布置图

6.6 运输过坝系统设计

6.6.1 专用运鱼车

集运鱼系统配备专用运鱼车 2 台（1 用 1 备），运鱼车货厢内可放置 2 个集鱼箱。车上配置有氧气瓶、循环泵、水质监控设备等鱼类维生设备，可与运鱼箱对应接口进行连接。运鱼车上还配备放流软管，具备放流鱼类的能力。运鱼车示意图见图 6.41。

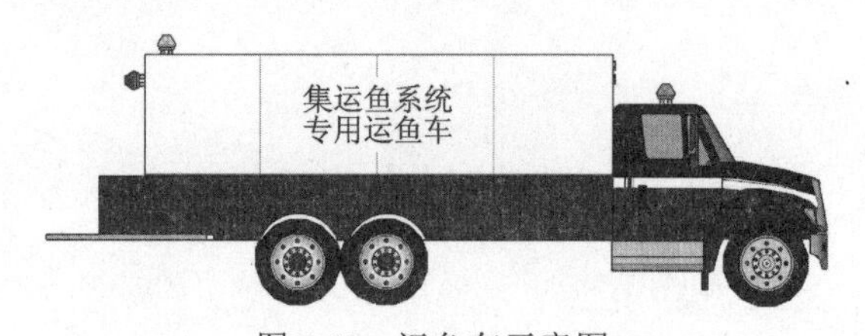

图 6.41　运鱼车示意图

另外，专用运鱼车安装有超宽带（ultra wideband，UWB）定位跟踪系统，能够对车辆的行驶轨迹做到实时跟踪、记录和监控。

6.6.2　运鱼箱

单个运鱼箱宽 1.5 m，长 2.0 m，高 1.5 m，运鱼箱可直接安放在汽车货厢上，动力来源于汽车发动机、电瓶或专配的柴油机。单个箱体可装 3 m^3 水，箱内可利用格栅分隔为多个区域用以运输不同种类的鱼类，如图 6.42 和图 6.43 所示。为保证箱体中水质达到运输要求，运鱼箱中设有鱼类维生系统，该系统主要包括自动监控系统、水下照明系统、风机及机械过滤等，如图 6.44 所示。

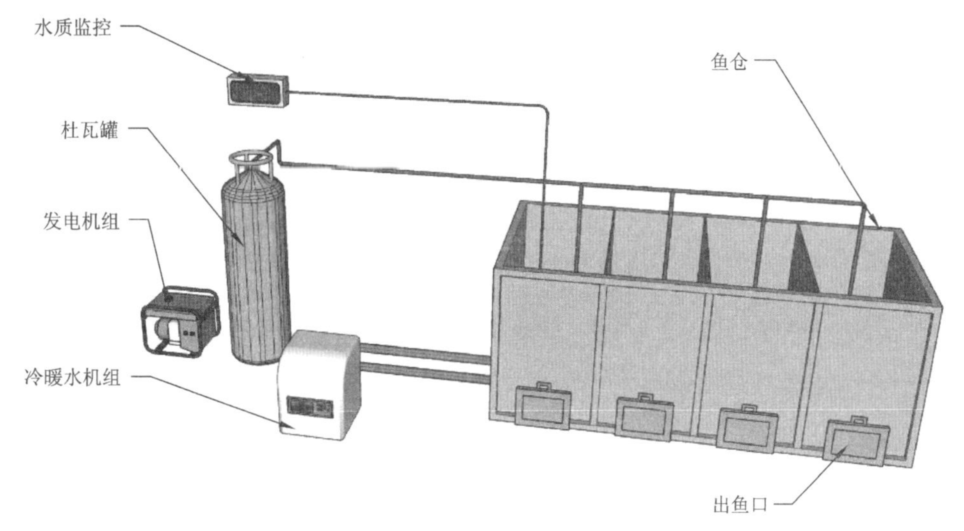

图 6.42　运鱼箱结构配置图

图 6.43　运鱼箱的外观示意图

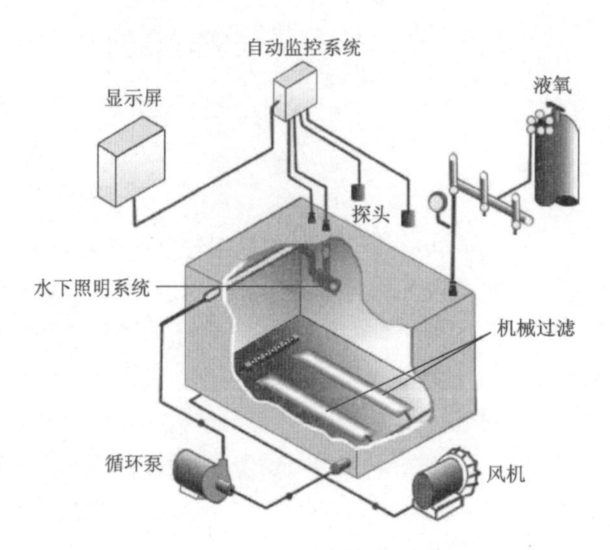

图 6.44　运鱼箱的鱼类维生系统

目前，国内外均有成型的运鱼箱产品，例如国产运鱼箱有 SF、HY、SC、HTHY、SC、SW 等型号。SF 型增氧系统采用以喷水式为主，射流式为辅；HY 型采用射流增氧系统；SF 与 HY 型均属于开敞式运输方式，运鱼箱上端均留有 30 cm 舷，箱顶设有限位的金属拦鱼网，以免溢水，运鱼箱容积没有充分利用（图 6.45）；SC 型则采用纯氧增氧，其运输效果好，运行时间长，成活率高，可充分利用鱼箱容积，但造价较高。根据当地鱼类特性，推荐采用封闭保温式纯氧充氧的型号，采购时可根据车厢尺寸定制。

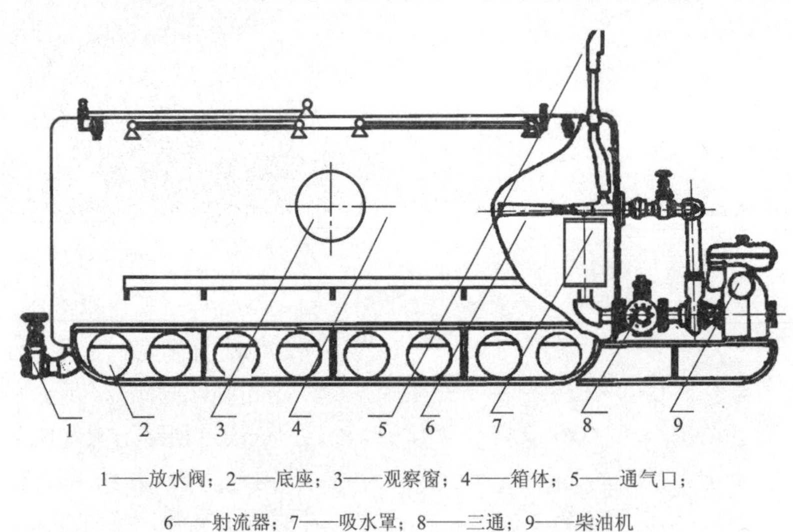

1——放水阀；2——底座；3——观察窗；4——箱体；5——通气口；
6——射流器；7——吸水罩；8——三通；9——柴油机

图 6.45　开敞式运鱼箱结构示意图

因当地鱼类具有较强的应激反应，所以为尽可能减少转运和放流过程中对鱼类的胁迫，活鱼箱带有放鱼孔，通过在放鱼孔连接放鱼管可以直接将活鱼箱中的鱼类放流至河流中。

6.7　码头转运系统设计

6.7.1　转运码头布置

库区管码头由工作船码头和转运码头组成，共布置 3 个泊位，其中，1#、2#泊位为工作船泊位，3#泊位为清漂兼集运鱼船泊位（转运码头泊位）。

1. 水域布置

1#、2#工作船泊位连续布置，两泊位位于右岸低线过坝路上游侧，主体结构采用实体斜坡道形式，泊位前沿设置 2 艘钢质趸船，单艘趸船平面尺寸为 33 m×9 m，趸船之间采用 20 m×2.5 m 的钢引桥连接。1#泊位后方斜坡道上布置一条 2 m 宽的人行梯道与陆域相连，人行梯道坡度为 1∶2.5（图 6.46）。

图 6.46　库区转运码头平面布置示意图

3#清漂集运鱼船泊位（转运码头泊位）采用下河公路与直立平台相结合方案，下河公路由现有右岸低线过坝路改造而成，对现有道路向江侧进行拓宽，道路临江侧布置挡土墙，水位在 945～970 m 变动时，装卸作业船舶可沿道路临江侧停靠，通过轮胎式起重机可进行运鱼箱的装船作业；3#泊位直立平台位于右岸低线过坝路上游，紧靠 1#、2#工作船泊位陆域下游布置，平台前沿线位于 972 m 等高线附近，平台长约 150 m，前沿采用重力式挡土墙结构，平台前沿宽 15 m 地带为装卸作业地带，可用于装卸作业，当库区水位在 970～975 m 变动时，可采用直立式平台进行装卸作业。

2. 陆域布置

1#、2#工作船泊位陆域位于人行梯道后方，占地面积约 3 253 m^2，沿金沙江长约 130 m，纵深 25 m，由半挖半填形成，陆域场坪标高为 980 m，陆域场地内设有管理房、门卫室和大门各 1 座，陆域通过一条连接道路与右岸低线过坝路相连，连接道路宽为 8 m，长约 50 m。

3#清漂兼集运鱼船泊位（转运码头泊位）陆域紧靠工作船泊位陆域下游侧布置，占地面积约 2 800 m^2，纵深 30～35 m，长约 110 m，由半挖半填形成，陆域场坪标高为 976 m，主要作为清漂临时堆场使用，清漂兼集运鱼船泊位陆域和工作船泊位陆域之间通过重力式挡土墙隔开。

6.7.2　装卸设施及工艺

由于运鱼车配备 50 t 随车起重机，进行装卸作业时，运鱼船停靠在装卸泊位，运鱼车利用随车起重机将运鱼箱转移至运鱼船上。运鱼船完成放流后行驶回转运码头，运鱼车通过随车起重机将运鱼箱吊回继续使用。

当遇特殊水情，运鱼车随车起重机无法完成吊装作业时，码头配备有轮胎式起重机（起重重量为 8 t，吊幅为 11 m），利用轮胎式起重机进行装卸作业时，运鱼船停靠于清漂兼集运鱼船泊位，通过轮胎式起重机将运鱼箱起吊至运鱼船上，运鱼船完成放流后返航至清漂兼集运鱼船泊位，轮胎式起重机将运鱼箱由船上吊回继续使用。

6.8　运输放流系统设计

运输放流系统主要由运鱼放流船及放流辅助设施组成。一般情况下，运鱼箱在转运码头转入运鱼放流船后，船舶行驶至库区具有一定流速（平均流速＞0.2 m/s）的水域将鱼类放流至江中。

6.8.1　运鱼放流船

1. 用途与航区

运鱼放流船为纯电池动力推进工作船，航行于乌东德库区水域，主要用于集运鱼系统鱼类运输及放流工作。

航区：内河 C 级航区、J1、J2 级航段。

2. 船型

运鱼放流船船主体为单体单甲板、单底单舷船舶，主体及上建为钢质材质，采用双机、双桨、全电池动力推进的普通内河工作船。

3. 主要尺度及性能

1）主要尺度

运鱼放流船尺度见表 6.3。

表 6.3　运鱼放流船尺度

特征	数值
总长（Loa）	38.80 m
垂线间长（Lbp）	35.38 m
水线长（Lwl）	36.18 m
型宽（B）	6.60 m
水线宽（Bwl）	6.28 m
型深（D）	2.80 m
设计吃水（d）	1.40 m

2）甲板间高、梁拱及舷弧

甲板间高、梁拱及舷弧设计标准见表 6.4。

表 6.4　甲板间高、梁拱及舷弧设计标准

<table>
<tr><th colspan="2">特征</th><th>数值</th></tr>
<tr><td rowspan="2">甲板间高</td><td>主甲板</td><td>2.40 m</td></tr>
<tr><td>驾驶甲板</td><td>2.40 m</td></tr>
<tr><td colspan="2">甲板梁拱（主甲板/驾驶甲板）</td><td>0.10 m</td></tr>
<tr><td rowspan="2">舷弧</td><td>首舷弧</td><td>0.285 m</td></tr>
<tr><td>尾舷弧</td><td>0 m</td></tr>
</table>

3）航速

运鱼放流船在设计吃水条件下，动力系统发出额定功率，光洁船身，蒲福风力级不大于 3 级，浪高不大于 2 级，深静水试航速度 20 km/h。

4. 续航力

运鱼放流船续航力为 200 km，饮用淡水装载定额 5 t。

5. 人员定额

（1）船员定额 4 人。
（2）乘员定额 6 人。

6. 总布置及外观造型

（1）主船体平面布置自尾至首：主甲板下设舵机舱、推进电机舱（内设淡水舱）、NO.2电池舱、NO.1电池舱、空舱和艏尖舱（图6.47）。

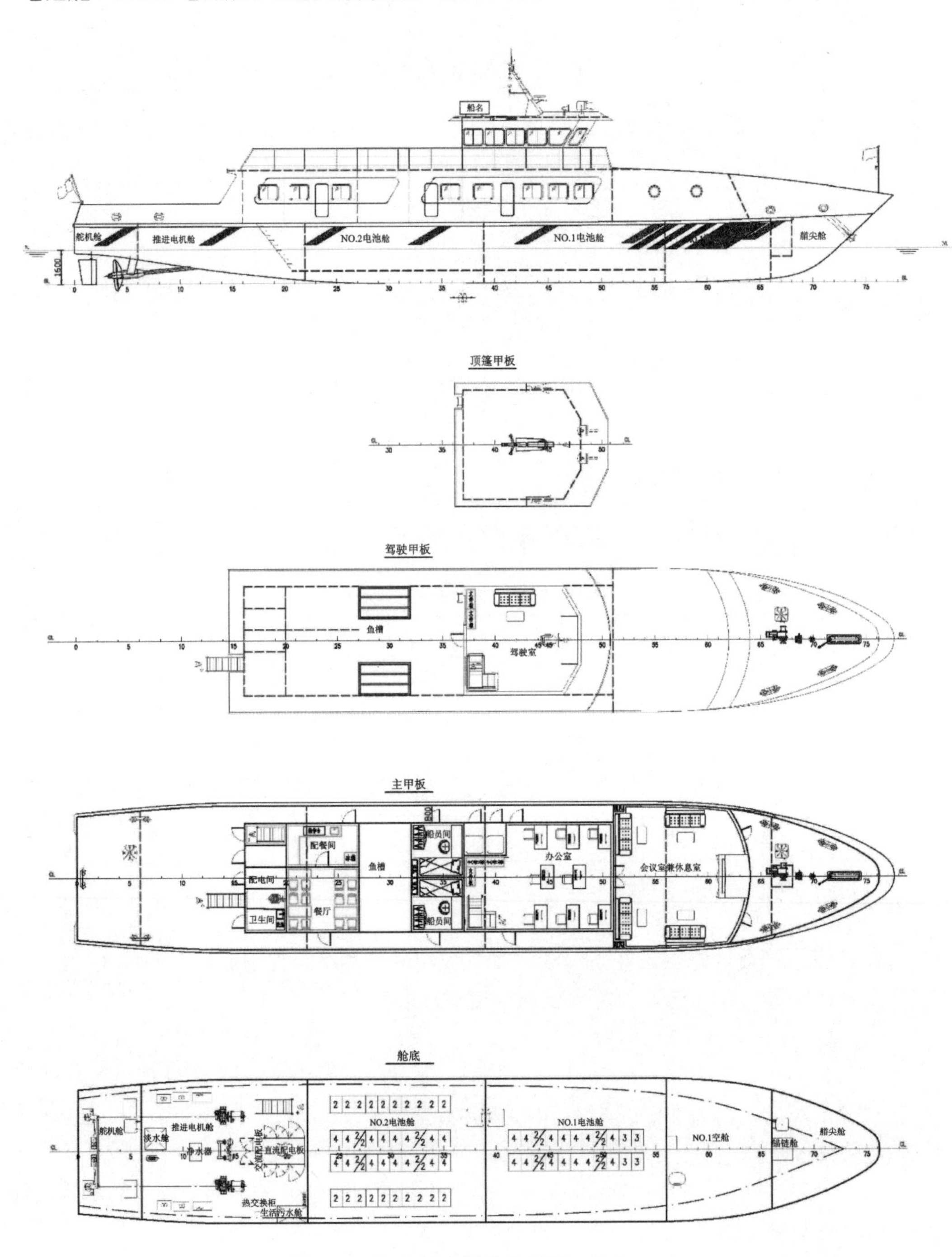

图6.47　运鱼放流船总布置图（单位：m）

（2）主甲板上设机舱棚、七氟丙烷间、配电间、卫生间、船员餐厅、配餐间、鱼箱、办公室、会议室兼休息室。

（3）驾驶甲板上设驾驶室。

（4）全船主甲板室两舷设出入口，首尾露天甲板均设有上下船的出入口，可方便乘员上下船。

（5）本船在协调好平面布置的基础上，力求外形设计美观、简洁、明快。

7. 鱼类维生系统

运鱼放流船设置 2 个鱼类暂养舱，舱内设置有鱼类维生系统，配置有氧气瓶、循环泵、水质监控设备等鱼类维生设备。

另外，运鱼放流船安装有全球定位系统（global positioning system，GPS），能够对车辆的行驶轨迹做到实时跟踪、记录和监控。

6.8.2 放流地点

1. 放流选址原则

确定放流地点应遵循以下原则。

（1）放流地点处在鱼类洄游线路上。

（2）具有适合主要过鱼种类的生境。

（3）无水质污染水域。

（4）无人为或船只干扰水域。

（5）有一定流速引导的水域。

同时根据目标鱼类的生活习性、当地水文、水质特点及周边环境特点确定放流时段。放流地点河段应有一定的流速，通常应大于鱼类的感应流速，以便目标鱼类放流后能继续上溯。

2. 放流点

在主要过鱼季节 4～7 月，库尾变动回水区大部分区段为流水河段，因此放流地点应结合该河段的流速情况，选择流速适宜的区段进行放流。乌东德水电站运行后，库区流速（6 月）分布见图 6.48。因该江段鱼类感应流速一般小于 0.25 m/s，放流河段最小流速应大于 0.25 m/s，考虑到给鱼类留有一定长度的上溯空间，同时考虑运输放流船的安全，选择 0.25～0.5 m/s 流速的江段放流较为适宜。在不同季节，放流江段为坝上 80～120 km 江段，即江边—子石坝江段，见图 6.49，同时注意放流时避开人类活动较多的水域，保持放流的隐蔽性。

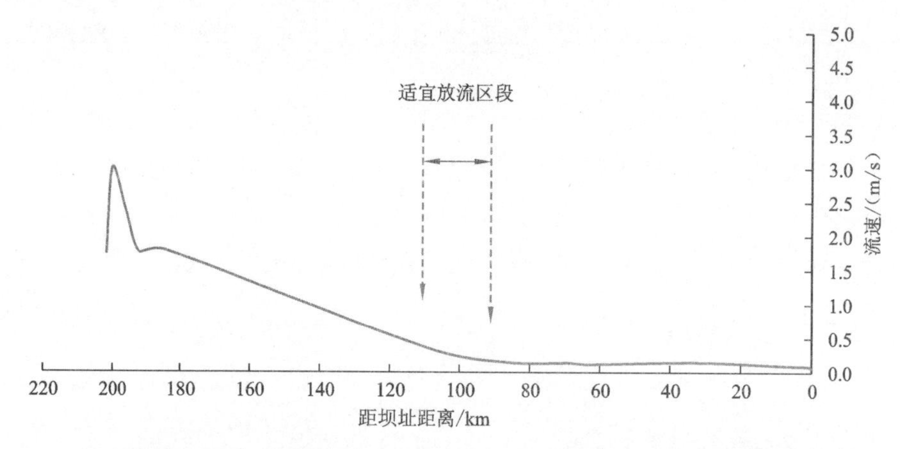

图 6.48　乌东德库区流速分布及适宜放流河段（6 月）示意图

图 6.49　乌东德集运鱼系统适宜放流河段

6.8.3　放流工艺

1. 运鱼船放流

运鱼船中有接口可与运鱼箱对接，接口对接口，利用水自身重力将鱼和水通过滑道放流，滑道采用聚乙烯（polyethylene，PE）材质，表面光滑，不易损伤鱼类，并在放流时保持滑道湿润。

2. 运鱼车放流

在运鱼船出现故障，或者特殊情况下，可采用运鱼车临时完成放流任务。运鱼车上配有放流软管，直径 300 mm，放流时将软管一端连接运鱼箱，另一端伸入江中，完成放流。

6.9　监控监测系统设计

为对整个集鱼、提升、分拣、装载、转运、运输、放流全过程各环节进行监控，集运鱼系统设置有监测站及视频监控、水下视频监控、在线水质监控、运鱼车定位跟踪系统、运鱼船定位跟踪系统、警报系统等。能够对集运鱼各关键环节进行无死角监控，切实保障集运鱼系统的有效运行。

6.9.1　监测站

1. 功能

乌东德集运鱼系统设置监测站 1 座，主要功能为集鱼效果的监测、集运鱼设施的集中控制（图 6.50）。集运鱼系统各环节的集中监控、鱼类的应急救护及集运鱼作业人员的日常办公等。

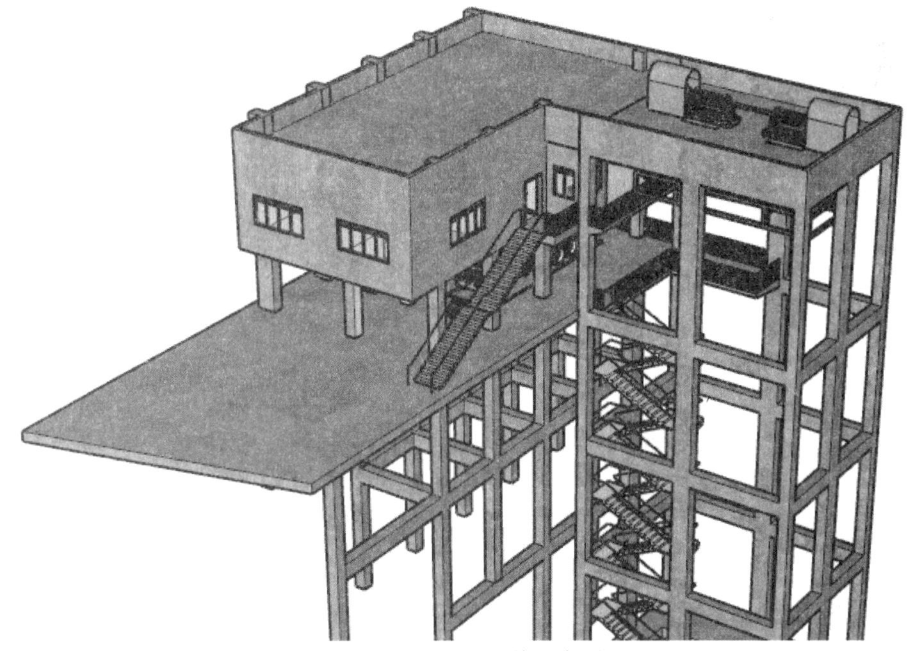

图 6.50　监测站整体示意图

2. 布置

监测站布置在右岸尾水平台与固定集鱼站相连接，监测站内设有分拣装载室、会议室、办公室、集控室、卫生间等，平面布置见图 6.51。

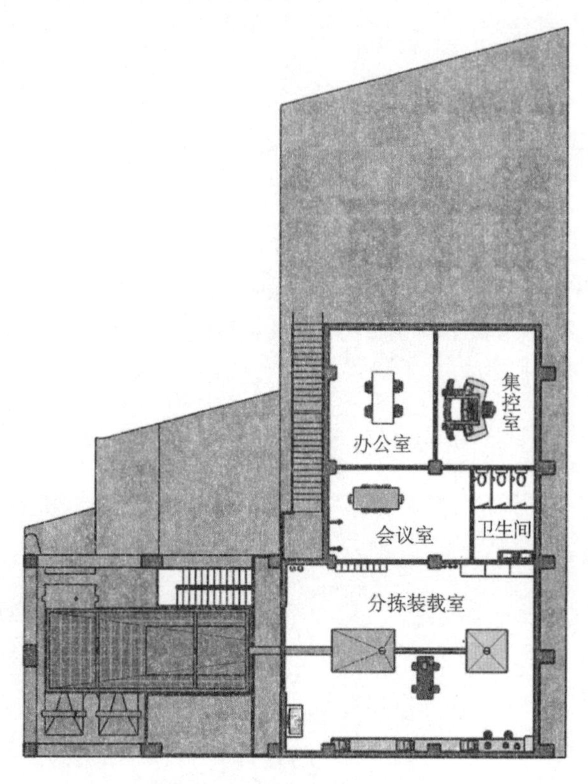

图 6.51　监测站平面布置图

分拣设施主要由放鱼滑槽、暂养池、分拣槽、分拣台、放归池、补水管等组成。

监测站站内还设有应急救护及试验设施，当发现鱼类受伤时，能够给鱼类及时进行救治。另还设有试验设施，能够对鱼类进行测量、称重，并且具有为鱼类安装标记的设备和条件，方便对集运鱼系统的效果进行监测和评估。设备集中控制系统设置在监测站的集控室内，能够对集运鱼系统各环节的机械设备进行控制。

6.9.2 监控系统

1. 全程视频监控系统

在集鱼、提升、转运、放流等集运鱼全过程的关键节点，设置视频监控设备，以对集运鱼全过程进行有效监控。另外根据尾水区水流流态及水体浊度，在集鱼池及集鱼箱内设置水下视频监控，以了解集鱼系统工作区的鱼类集群情况。

2. 水质监控系统

在暂养设施及运鱼车中布置水质实时监控系统，以实时掌握鱼类健康状况。

6.9.3 运输定位跟踪系统

专用运鱼车及运鱼放流船上安装 UWB 定位系统，对车辆的行驶轨迹做到实时跟踪和监控，并记录其运行线路。

1. 工作原理

UWB 定位系统具备准确定位运鱼车的功能，使运鱼车的运行轨迹具备实时在监控中心显示的功能（图 6.52）。

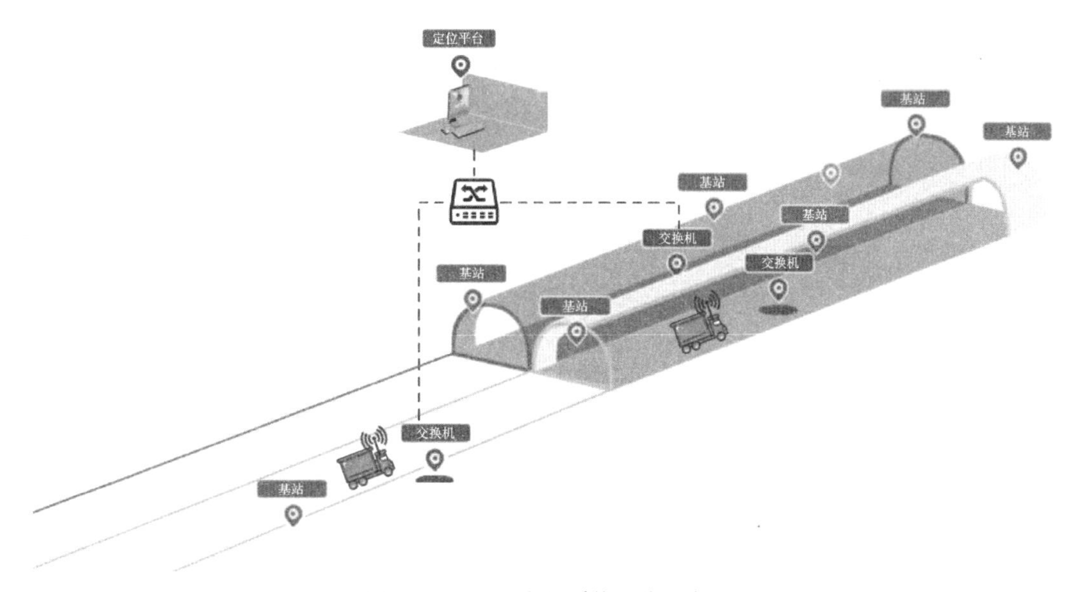

图 6.52 UWB 定位系统工作示意图

隧道 UWB 定位是采用飞行时间（time-of-flight，ToF）定位算法实现人员、车辆的精准定位，隧道内顶部安装定位基站，根据集运车辆路线、道路状况；车辆中安装车载定位标签，通过车载定位标签与定位基站间的无线方式进行精确定位。基站通过隧道内的交换机将定位数据实时上传至定位平台进行展示。

全程采用 UWB 定位方式，是在沿线架设定位基站、通过敷设光纤将全程定位数据传输至监控中心。同时 UWB 基站采用室外高功率无线定位基站，可内置 5.8 G WiFi，为视频、语音等大数据量通信提供通道。

2. 基本功能

运鱼车及运鱼放流船安装一体化车载设备，主要功能见表 6.5。

表 6.5　UWB 定位系统主要功能

功能	描述
车辆状态信息	集运车辆运鱼箱氧气含量、液位状态、车辆启动等状态进行监控
车辆行驶状态	车辆行驶速度、超速提醒、危险驾驶提醒、偏离路线报警等
车载全景视频监控	360°全景车辆监控，可显示车辆周边情况
通信系统	车车通信、车站（监控室）通信、远程语音提醒、前方道路危险提醒等
信息存储	状态信息存储、视频信息存储，支持 3 个月内信息回查
精确定位	一体化设备集成 UWB 高精度定位标签，精确度 0.3 m 内，实时更新，无网络延时
一键 SOS	支持一键报警功能，当运输途中遇到紧急情况，一键求救

3. 监控中心

监控信号接入集控室，集控室采用虚拟电子沙盘将车辆信息实时展示。并可在系统中查询车辆的所有信息。监控中心采用三层核心交换机+高性能数据服务器建设方式，保证数据的实时性、稳定性。

扫一扫见本章彩图

第 7 章 运行管理及监测方案

7.1 引　言

针对集运鱼系统的运行管理，需多个专业配合，分组实施，对工作频率进行优化调整，力求创造最佳的过鱼条件和设备运行效率；通过现场试验，验证集鱼箱对尾水水流的影响、优化集鱼箱设计及进一步探索辅助诱鱼措施，在集运鱼系统试运行及正式运行条件下，须开展集运鱼效果的监测，了解集鱼设施的集鱼效果、集运鱼系统的工作情况、坝下鱼类资源的变化情况和评估集运鱼对鱼类保护的作用。

7.2 机构设置

乌东德水电站在电站管理机构中设置了专门的集运鱼系统运行管理部门，配置专业技术人员，负责日常运行和管理，包括设备保养、观测统计、相关基础研究等，其主要职责包括以下几方面。

（1）制定过鱼设施运行方式和操作规程。

（2）负责过鱼设施正常运行、管理和维护，做好日常观测、过鱼效果的统计和信息处理。

（3）协调处理过鱼设施运行与工程枢纽的关系，确保过鱼季节的过鱼设施正常有效运行。

（4）做好过鱼设施运行与鱼类特性的研究，协助做好科普宣传工作，宣传生态保护意识。

7.3 运行方案

7.3.1 运行时段

1. 运行季节

根据前文分析，乌东德水电站集运鱼系统的过鱼季节为每年的3～7月，主要解决主要及次要过鱼对象的过坝问题。其间若遇电站泄洪时段，过鱼设施暂停运行。通过对长系列水文数据分析，年平均泄洪概率为58.93%，多年平均泄洪天数为18天。

2月、8～9月为兼顾过鱼季节，主要解决兼顾过鱼种类的上下游交流问题，在乌东德运行初期，坝上坝下基因交流阻隔并不显著，因此可在试运行期间进行试验监测，监测不同种类的上溯季节，根据情况对兼顾过鱼季节及工作频率进行优化调整。

2. 运行工况

根据3.3节对不同发电工况机组组合条件下鱼类分布规律的分析结果，为保证尾水集鱼箱的集鱼效果，尽可能在1机1洞发电的尾水洞开展集鱼作业，根据长系列3～7月水文资料分析，具有1机1洞发电的保证率超过90%。另外，为保证右岸固定集鱼站的集鱼效果，发电时应优先开启7#或8#机组。

7.3.2 试运行

在集运鱼系统建设完成之后，需要对其进行试运行，试运行期暂定为2～3年，试运行应包括以下内容。

1. 设备调试

试运行阶段，需要对工程主要结构与相关附属设备，包括集鱼系统、提升系统、分拣设施、装载设施、运鱼车、运输放流船、监控设备等进行调试，保证各项设施能够正常有效工作。

2. 原型观测

（1）水流条件监测：在试运行阶段需要对尾水洞口、集鱼口、集鱼池、集鱼箱、休息区等重要部位的流场情况进行实测，判断进鱼口的水流条件是否利于鱼类进入及休息。

（2）过鱼效果监测：试运行期内应对其投入运行后的实际效果进行跟踪监测，监测内容应包括集鱼种类、集鱼数量、集鱼规格、鱼类发育情况、昼夜集鱼规律、不同进口进鱼情况、不同工况进鱼情况等。

（3）优化和改进：在试运行期内应编制集运鱼系统运行规程，明确运行方式、操作流程，以及其他相关制度，如果发现不利于过鱼的各种情况，在条件许可下，应立即对其结构等进行修改完善，以创造最佳的过鱼条件。

7.3.3 正式运行

1. 建立运行台账

集运鱼系统正式运行阶段，应建立集运鱼系统运行台账，记录每天集运鱼系统作业情况、作业工况、设备运行情况及相关保养工作等。

2. 运行期监测

集运鱼系统正式运行后，除以上常规监测外，还应对上溯鱼类库区行为进行标志跟踪监测，并对坝上坝下鱼类资源变化趋势进行调查和统计，以利于对集运鱼系统的鱼类保护效果进行评价。

7.4 过鱼流程

乌东德水电站集运鱼系统的过鱼流程分为：①诱鱼→②集鱼→③提升→④分拣→⑤装载→⑥运输过坝→⑦码头转运→⑧运输放流。

7.4.1 诱鱼

乌东德水电站工程诱鱼方式以水流诱鱼为主，其他方式为辅。由于发电尾水流量大，范围广，利用发电尾水可最大程度提高诱鱼效率，所以集鱼系统主要利用发电尾水诱鱼，具体流程为以下三个步骤。

1. 确定机组运行方式

由于机组的运行方式决定了下游流场，也决定了下游鱼类的时空分布，因此，需要根据机组的运行方式确定集诱鱼措施的运行方式。首选选择开启的机组布置相应的尾水集鱼箱，由于单个尾水洞在对应 2 台机组发电时，洞口流速可能高达 5 m/s，因此尽可能选择对应单台机组发电的尾水洞放置集鱼箱。

2. 放置集鱼箱

确定了开展集鱼的尾水洞后，利用尾水门机将集鱼箱放置在设定的高程，必要时可进行叠放（根据后续运行效果确定）。

3. 开启辅助诱鱼设施

开启必要的辅助诱鱼设施，如集鱼箱内及右岸尾水集鱼站集鱼池内设置的诱鱼灯，同时在集鱼站集鱼池内投放诱鱼饵料，增加诱鱼成功率。

7.4.2 集鱼

1. 尾水集鱼箱集鱼

当鱼类被发电尾水吸引进入尾水洞口附近后，会沿尾水洞口边沿伺机上溯，诱鱼集鱼箱的阻水作用，集鱼箱进鱼口流速相对较缓，适合鱼类上溯，此时鱼类沿进鱼口进入集鱼箱。鱼类进入集鱼箱后，由于防逃喇叭形出口较小，鱼类会在箱体内寻找适宜的区域进行游动及休息。此时，鱼类可以停留在集鱼箱内的中部、底部休息区休息。

2. 右岸集鱼站集鱼

当二道坝下游的鱼类向右岸尾水上溯洄游时，会沿集鱼站下方上溯，此时会被集鱼站 2 个进鱼口下泄的水流吸引，进而通过防逃进鱼口进入集鱼池。

7.4.3 提升

1. 尾水集鱼箱提升

当集鱼箱作业一定时间后，或通过水下摄像头发现一定数量的鱼类进入集鱼箱后，采用门机将集鱼箱沿尾水检修门门槽提升至尾水平台。

2. 右岸集鱼站提升

当通过水下摄像头发现右岸集鱼站收集到一定数量的鱼类后，通过集鱼站桥机将预置在集鱼池底部的集鱼箱沿轨道提升至尾水平台。

7.4.4 分拣

通过门机将集鱼箱转移至分拣站，对收集的鱼类根据过鱼目的按照种类、规格进行分类，并转入暂养池中。

7.4.5 装载

专用运鱼车行驶到分拣站下方，通过装载管道与暂养池相连，在保持储鱼罐中满水的情况下将鱼类通过管道装载入运鱼箱中。

7.4.6 运输过坝

开启运鱼车中的维生系统，保持运鱼箱中的水体理化指标符合鱼类需要，通过过坝公路将鱼类运输过坝，并到达转运码头。

7.4.7 码头转运

运鱼车将运鱼箱运输至转运码头后，停靠在专用装卸泊位，通过放鱼管道连接将运鱼车中的鱼类转移至运鱼放流船的鱼类暂养舱内。

7.4.8 运输放流

当集鱼箱转载到运鱼放流船上后，开启运鱼车的维生系统，沿既定路线将鱼类运输至放流地点，确认放流水域安全后，通过放流滑道将鱼类放流至江中。完成放流后，运鱼放流船返回转运码头，完成整个过鱼流程。

7.5 管理维护

集运鱼系统运行后，必须加强维护与保养。维护保养的内容主要包括以下几方面。

（1）定期检查集鱼箱、防逃笼、集鱼池内部有无树枝等废弃物附着，防止堵塞。

（2）定期检查集鱼箱、集鱼池内有无泥沙淤积情况，若有淤积情况应进行清淤处理，清淤可采用冲淤管配合污泥泵进行。

（3）定期检查和维护集鱼系统、提升系统、分拣系统、装载系统、运鱼车、运鱼箱、运输放流船等各种机械及电气设备，保证随时可用。

（4）设置专员，严禁在集鱼设施附近及放流区域附近捕鱼。

7.6 适应性管理

1. 与机组的联合调度运行

由于集运鱼系统的集鱼效果与发电机组的调度运行工况关系密切，所以，应根据试运行期提出的运行要求，协调机组运行与集鱼系统运行的关系，根据不同工况下的集鱼效果，选择最利于集鱼的方式开展集鱼作业。

2. 补充必要的辅助诱鱼设施

乌东德水电站主要及次要过鱼对象共 10 种，兼顾种类多达 38 种，由于设计阶段时限，无法对每种鱼类的生物学、生态学、行为习性开展详细研究，所以应根据相关研究成果，必要时补充声、光、电、气、诱饵等辅助诱鱼措施，提高工程运行效果。

3. 集鱼方式的优化研究

由于集运鱼系统在国内和国际上采用较少，尤其是成功案例较少，所以，在集运鱼系统的运行过程中，要根据其运行情况，对集鱼方式、集鱼设施结构不断进行优化和调整，不断提高其工作效果。

7.7 试验方案

7.7.1 试验目的

1. 验证集鱼箱集鱼效果

通过现场试验，验证利用尾水门槽布设集鱼箱及在尾水区设置机动集鱼箱的可行性、各项操作的顺畅性，以及不同工况下的集鱼效果。

2. 验证集鱼箱对尾水水流的影响

通过现场试验，测试箱体周围的流场，并验证集鱼箱箱体结构对尾水流态及发电效率的影响。

3. 优化集鱼箱设计

根据现场试验及观测结果，梳理设计、运行、观测等方面存在的问题，提出改进措施，进行集鱼箱的优化设计。

4. 探索辅助诱鱼措施

通过对目标鱼类的行为开展研究，研究鱼类对不同诱饵的反应，探索可行的诱饵类型选择及布放方式。

7.7.2 试验内容

1. 机动式集鱼地笼或集鱼箱集鱼试验

通过在尾水区布设机动式集鱼地笼或集鱼箱，试验在不同位置、不同工况下的集鱼效果，研究集鱼的种类、规格，以及不同网口结构对集鱼效果的影响，不同饵料的诱鱼作用，以及摄像设备的观测效果。

2. 尾水集鱼箱集鱼试验

在不同季节，选择左岸尾水洞及右岸尾水洞，开展试验集鱼箱的集鱼试验，验证不同过流工况下的集鱼效果。

同时，通过现场作业操作，分析试验集鱼箱的转运、下放、集鱼、起吊、平移等作业环节中的合理性及顺畅性，分析是否存在卡阻、晃动、振动、倾斜等情况。

3. 集鱼箱对尾水水位的影响观测

通过现场实测，在不同流量、水位条件下，验证不同箱体结构对尾水的阻水效应及对下游水位的影响，并分析对机组发电的影响程度。

4. 观测手段的可行性试验

通过在试验集鱼箱上安装水下视频系统等观测设备，试验在集鱼箱不同位置的观测效果。探索不同观测手段的可行性。

7.7.3　技术路线

现场试验技术路线见图 7.1。

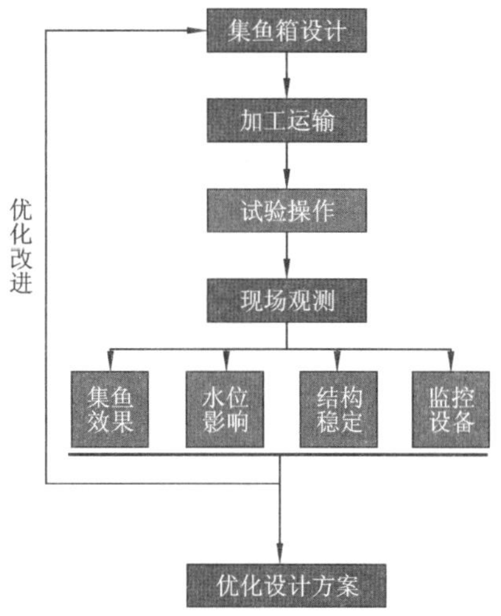

图 7.1　现场试验技术路线图

7.7.4　现场试验方案

1. 移动集鱼箱集鱼试验

1）移动集鱼箱设计

由于成品地笼规格较小，且为伸缩结构，需要船只进行布放，且在流水环境下易发生套叠，影响集鱼效果，所以，根据现场情况进行移动集鱼箱的设计及加工。

根据现场集鱼地点的水流条件，设计移动集鱼箱，初次设计集鱼箱长 5.0 m，宽 3.0 m，高 1.0 m，结构采用钢管，网片采用网目<平 3（边长 3 cm）的渔网，箱体不同面设有进鱼口固定结构，可根据需要设置不同结构的进鱼口。试验过程中不断总结经验，对集鱼箱结构进行优化改进。

2）移动集鱼箱制作安装

根据试验集鱼箱设计，开展集鱼箱的制作安装。集鱼箱结构加工完成后，进行打磨和涂装，箱体表面应做到无毛刺，避免刮伤鱼类，箱体涂装应避免采用鲜艳颜色，以免引起鱼类回避反应，先期试验采用灰色涂装，后期根据试验情况做灵活调整。箱体框架加工完成后，进行防逃笼及摄像机的安装。

3）移动集鱼箱集鱼操作

将移动集鱼箱转移至集鱼操作地点，重点对左岸尾水支墩、右岸尾水隔墩后的急、缓流交界水域进行试验。先期预备进行试验的地点见图 7.2，后期根据现场作业条件及集鱼效果进行调整。饵料及摄像设备安装后，采用汽车起重机将集鱼箱起吊并放置在集鱼地点，随即开始集鱼作业，集鱼箱起吊作业见图 7.3。

图 7.2　机动集鱼箱先期试验地点

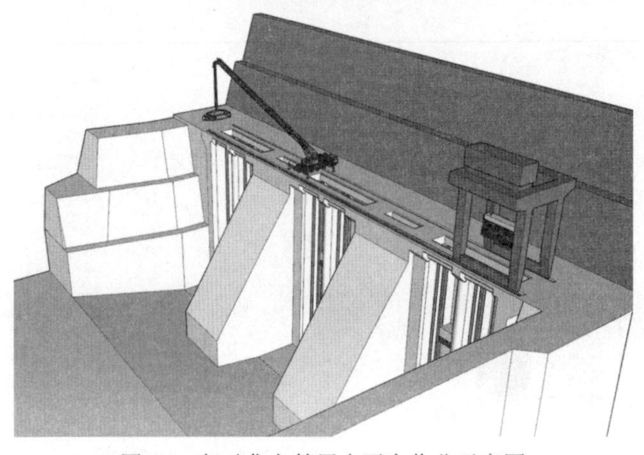

图 7.3　机动集鱼箱尾水平台作业示意图

4）现场观测

集鱼作业 24～48 h 后，采用汽车起重机将集鱼箱起吊至作业平台，对采集的鱼类进行收集、鉴定、测量，记录鱼类种类、规格及作业位置、作业工况等，同时拍照及录像，收集到的鱼类称量拍照后，送至乌东德增殖放流站进行恢复和暂养。

2. 尾水集鱼箱试验

1）试验集鱼箱设计

根据箱体结构及试验目的，结合现场条件及进度要求，开展试验集鱼箱设计。根据"金沙江乌东德水电站集运鱼系统现场试验方案讨论会议纪要"要求，"先期针对圆口铜鱼等底栖鱼类开展底层集鱼箱集鱼效果验证与集鱼箱设计优化工作"。因此，试验包含底层横置集鱼箱及纵置集鱼箱，前期制作底层集鱼箱，纵置集鱼箱根据底层集鱼箱的试验结果进行优化改进及试验。

试验集鱼箱设计应遵循以下原则。

（1）材料易获取，便于加工，易于改造。

（2）尽可能做到关键部位可调节，可更换。

根据以上原则，初步设计的试验集鱼箱宽 9.2 m，高 2.9 m，其中集鱼部分高 2.0 m，起吊部分高 0.9 m，箱体纵深 2.78 m。箱体设有左、右两个防逃进鱼口，进鱼口呈反向喇叭形口结构，单个进鱼口宽 2.6 m，高 0.5 m，进口底部格栅倾角为 20°。

为试验不同格栅材质，不同进口结构、尺寸对集鱼效果的影响，集鱼箱框架设有安装孔，可安装不同网片及防逃笼。试验集鱼箱箱体框架及整体结构见图 7.4～图 7.5。

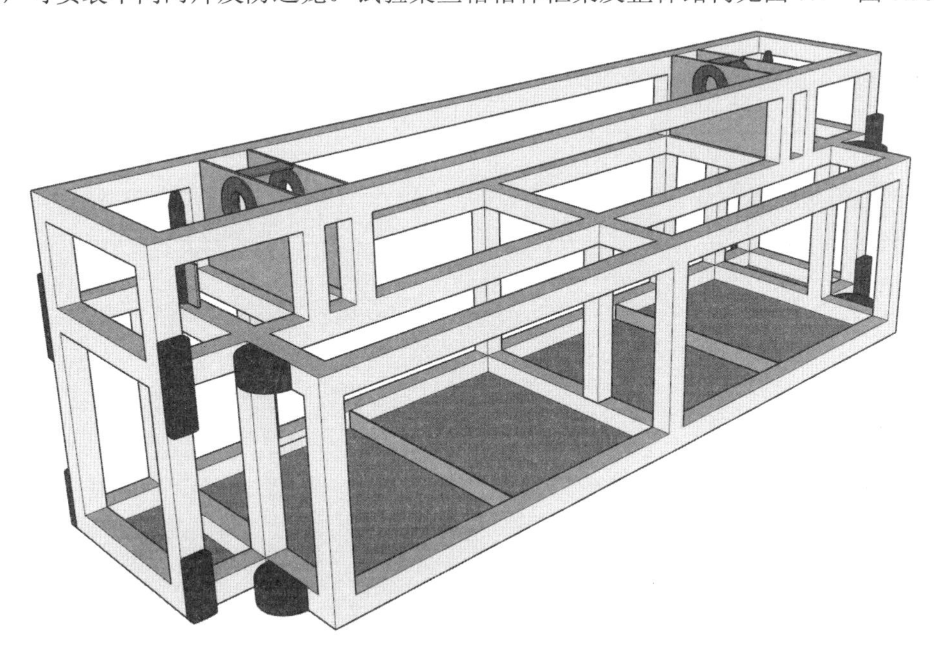

图 7.4　试验集鱼箱（横置）框架三维示意图

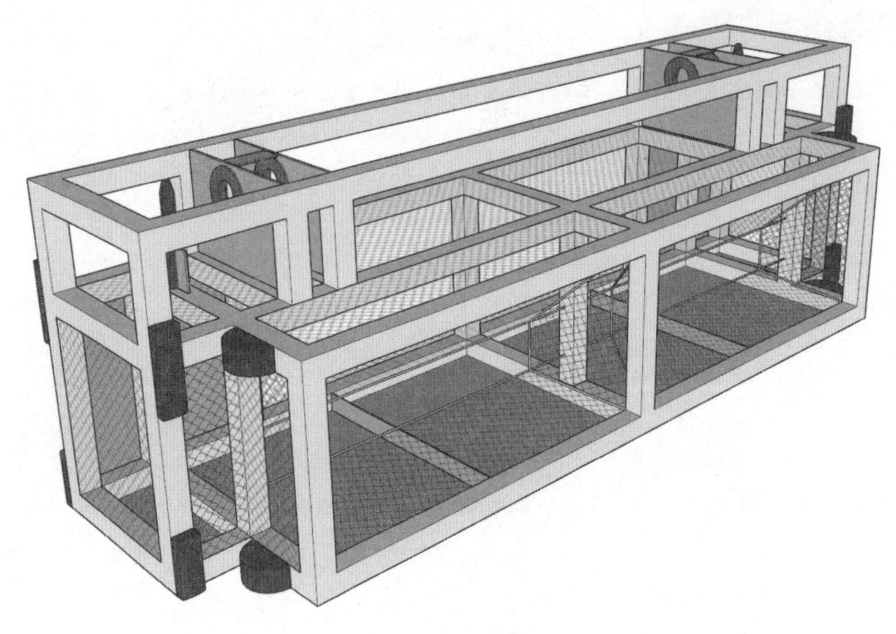

图 7.5　试验集鱼箱（横置）整体三维示意图

2）集鱼箱加工

根据试验集鱼箱设计，开展集鱼箱的加工。集鱼箱结构加工完成后，进行打磨和涂装，箱体表面应做到无毛刺，避免刮伤鱼类，箱体涂装应避免采用鲜艳颜色，以免引起鱼类回避反应，根据会议纪要要求，先期试验采用灰色涂装，后期根据试验情况做灵活调整。箱体框架加工完成后，进行可替换部分的安装，包括网片及防逃笼。

3）集鱼箱运输及试验准备

集鱼箱准备好后，采用车辆运输至尾水平台，并通过汽车起重机将集鱼箱放置在尾水门机能够起吊的位置，此时在箱体中按照要求布设饵料及诱鱼香包等，通过释放饵料提高集鱼效果。诱鱼饵料初步设计使用鲟鱼颗粒饲料或其溶解而成的液体饲料，布放在带有扩散孔的饵料桶中，通过水流渗透缓慢释放至箱体中。

为使饵料和气味能够相对较长时间停留，饵料和香包初步布置在集鱼箱中流速较小的鱼类休息区，以保持诱鱼效果。

4）集鱼箱集鱼操作

试验开始后，操作门机，通过自动挂脱梁将集鱼箱起吊，平移至尾水检修门门槽处，将试验集鱼箱通过尾水检修门门槽下放至尾水洞底部，下放过程中注意是否有卡阻、倾斜等现象。

箱体沿门槽沉入尾水渠底部后，集鱼箱开始集鱼作业。按照要求每隔一定时间，通过门机将集鱼箱起吊并转移至尾水平台，进行集鱼效果的检查。

5）现场观测

（1）集鱼效果观测。每次集鱼作业结束后，对现场采集的鱼类进行收集、鉴定、测量，记录鱼类种类、规格及作业位置、作业工况等，同时拍照及录像。

（2）水流条件观测。选择特征工况，对集鱼箱箱体内外，以及尾水洞附近流态及水位进行观测，并进行拍照和录像。

（3）操作流程分析。对整个集鱼箱作业流程，如试验集鱼箱的转运、下放、集鱼、起吊、平移等作业环节进行观察，记录是否存在卡阻、晃动、振动等情况，并分析各部件设计的合理性，制定优化方案。

（4）集鱼箱结构观测。对作业前后试验集鱼箱进行观察，观察集鱼箱是否存在变形、倾斜等结构变化，制订优化方案。

7.8　效果监测

7.8.1　监测目的

集运鱼系统试运行及正式运行条件下，须开展集运鱼效果的监测。监测工作的主要目的如下。

（1）了解集鱼设施的集鱼效果。定期开展监测，了解集鱼设施的集鱼效果，评估各项设施设计及作业的合理性，为优化运行及监管提供依据。

（2）了解集运鱼系统的工作情况。监测集运鱼系统各子系统的工作情况，分析过鱼流程中是否有不合理的环节，为优化改造及优化运行提供依据。

（3）了解坝下鱼类资源的变化情况。通过监测了解坝下鱼类资源的变化情况，为调整优化集鱼设施的结构、作业地点及作业工况提供依据。

（4）评估集运鱼系统对鱼类保护的作用。通过对过鱼效果及上下游鱼类资源的监测，评估集运鱼系统对金沙江下游鱼类保护的贡献及作用。

7.8.2　监测内容

1）集鱼效果监测

集运鱼系统投入运行后，应对其集鱼效果进行跟踪监测，监测内容包括：集鱼种类、集鱼数量、集鱼规格、鱼类发育情况、昼夜集鱼规律、不同进口进鱼情况、不同工况进鱼情况等。

2）水流条件观测

对尾水洞口、集鱼口、集鱼池内、集鱼箱内休息区等重要部位的流场情况进行实测，判断进鱼口的水流条件是否利于鱼类进入及休息。

3）运输水质监测

对运输过程中，运鱼箱内的水温、溶解氧含量等水体理化参数进行实时监测，以保证鱼类在运输过程中的健康。

4）鱼类资源

对坝下、坝上不同江段的鱼类资源（鱼类种类、数量、规格、发育阶段等）进行监测，以评估坝下过鱼目标的合理性并动态优化调整过鱼目标，并评估坝上库区对不同鱼类的生境适宜度，以对放流地点进行动态优化调整。

5）鱼类行为

通过标志跟踪等手段对坝下鱼类行为进行监测，监测鱼类进入集鱼箱、集鱼站的数量、比例、逃逸率及进出规律，以为集鱼系统的优化设计提供依据。同时，对放流鱼类的库区的洄游行为进行监测，评估放流地点选择的合理性，并不断优化放流地点。

7.8.3　监测方案

根据监测目的及监测内容，集运鱼系统监测可分为日常监测和定期抽样监测。

1）日常监测

日常监测是每次集运鱼作业都必须进行的监测，监测内容主要包括集鱼效果、作业工况、运输水质及运输放流过程等。日常监测主要依靠自动化的监测设备，包括视频监控、水质监控、运输放流过程等，日常监测应建立台账，随时记录归档。

2）定期抽样监测

除日常监测外，为更加细致地了解过鱼的具体种类、规格、关键部位的水流条件、关键部位鱼类行为、放流鱼类生存洄游情况、上下游鱼类资源变化等，需定期开展相应专项监测，监测内容见表 7.1。

表 7.1　集运鱼系统监测方案

监测类型	监测项目	监测内容	监测频率	监测手段	备注
日常监测	集鱼效果	集鱼种类 集鱼数量 集鱼规格	每次作业	视频监控 拍照记录	不进行脱水分拣，进行大体判别和测量并记录归档
	作业工况	发电工况 下游水位		人工记录	建立台账，每日记录

续表

监测类型	监测项目	监测内容	监测频率	监测手段	备注
日常监测	运输水质	运输水温 运输溶解氧	每次作业	水质监测设备	自动监测
	运输放流过程	运输时间 运输路线 放流地点		人工记录 监控设备	车辆、船舶定位跟踪及行车轨迹自动记录归档
定期抽样监测	集鱼效果	集鱼种类 集鱼数量 集鱼规格	1次/周	人工分拣、鉴定、测量	在监测站进行
	水力学监测	尾水洞流速 箱体内流速 集鱼池流速	1～2次/月	流速监测设备	选择代表工况监测
	坝下鱼类行为	进入数量 进入规律	1～2次/年	PIT标志跟踪*	监测频率视可供标记鱼类的数量情况确定
	坝下及库区鱼类资源	鱼类种类 鱼类数量 鱼类规格 鱼类分布	1～2次/年	渔获物调查	坝下及库区不同江段鱼类资源

*被动集成应答器（passive integrated transponder，PIT）

参 考 文 献

褚新洛, 陈银瑞, 等, 1989. 云南鱼类志(上)[M]. 北京: 科学出版社.

褚新洛, 陈银瑞, 等, 1990. 云南鱼类志(下)[M]. 北京: 科学出版社.

丁瑞华, 1994. 四川鱼类志[M]. 成都: 四川科学技术出版社.

郭坚, 童碧云, 王旭航, 等, 2017. 集鱼船在水电工程应用的问题与建议[J]. 水力发电, 43(5): 1-4.

蒋志刚, 江建平, 王跃招, 等, 2016. 中国脊椎动物红色名录[J]. 生物多样性, 24(5): 500-551.

梁园园, 刘德富, 石小涛, 等, 2014. 集运鱼船研究综述[J]. 长江科学院院报, 31(2): 25-29, 34.

刘飞, 但胜国, 王剑伟, 等, 2012. 长江上游圆口铜鱼的食性分析[J]. 水生生物学报, 36(6): 1081-1086.

水利部交通部南京水利科学研究所, 1982. 鱼道[M]. 北京: 电力工业出版社.

水利部中国科学院水工程生态研究所, 长江船舶设计院, 2010. 乌江彭水水电站集运鱼系统方案设计[R]. 北京: 长江船舶设计院.

水利部中国科学院水工程生态研究所, 长江船舶设计院, 2012. 新疆冲乎尔水电站集运鱼系统方案设计[R]. 北京: 长江船舶设计院.

王猛, 马卫忠, 赵谊, 等, 2017. 集运鱼系统发展及相关技术问题探讨[J]. 水力发电, 43(2): 6-9.

吴江, 吴明森, 1990. 金沙江的鱼类区系[J]. 四川动物(3): 23-26.

吴天祥, 2016. 冲乎尔水电站集运鱼系统设计方案及实施[J]. 广西水利水电(2): 88-89, 92.

赵谊, 孙显春, 蔡大咏, 2011. 马马崖一级水电站过鱼措施研究[J]. 水电勘查设计(3): 25-28.

中国科学院青藏高原综合科学考察队, 1998. 横断山区鱼类[M]. 北京: 科学出版社.

中国科学院中国动物志编辑委员会, 2018. 中国动物志: 硬骨鱼纲 鲇形目[M]. 北京: 科学出版社.

中国水产科学研究院长江水产研究所, 2017. 金沙江下游流域水生生态监测(2016—2018 年): 2016 年年度成果报告[R]. 武汉: 中国水产科学研究院长江水产研究所.

中国水产科学研究院长江水产研究所, 2018. 金沙江下游流域水生生态监测(2016—2018 年): 2017 年年度成果报告[R]. 武汉: 中国水产科学研究院长江水产研究所.

中国水产科学研究院长江水产研究所, 2018. 乌东德、白鹤滩坝下鱼类分布调查报告[R]. 武汉: 中国水产科学研究院长江水产研究所.

AYNE W W, 1977. 贝克河水库工程的过鱼设施[C]//过鱼设备与鱼类资源保护国外参考资料. 武汉: 湖北省水生生物研究所: 76-91.

PAVLOV D S, 1989. Structures assisting the migrations of non-salmonid fish USSR[D]. Rome: FAO fishery technical paper.